世界经典兵器连连看

枪

陕 西 出 版 集 团
陕西科学技术出版社

图书在版编目（CIP）数据

枪/唐克人编. —西安：陕西科学技术出版社，2012.6

（世界经典兵器连连看）

ISBN 978-7-5369-4764-1

Ⅰ.枪… Ⅱ.唐… Ⅲ.枪械-儿童读物 Ⅳ.E922.1-49

中国版本图书馆CIP数据核字（2010）第011753号

图片支持：《轻兵器》杂志社 www.fotoe.com

世界经典兵器连连看

枪

唐克人 编绘

出 版 者 陕西出版集团 陕西科学技术出版社

西安北大街147号 邮编 710003

电话（029）87211894 传真（029）87218236

http://www.snstp.com

发 行 者 陕西出版集团 陕西科学技术出版社

电话（029）87212206 87260001

印 刷 三河市双升印务有限公司

规 格 710mm×1000mm 16开本

印 张 9

字 数 143千字

版 次 2012年6月修订版

2016年4月第3次印刷

定 价 26.80元

目录

CONTENTS

目录

CONTENTS

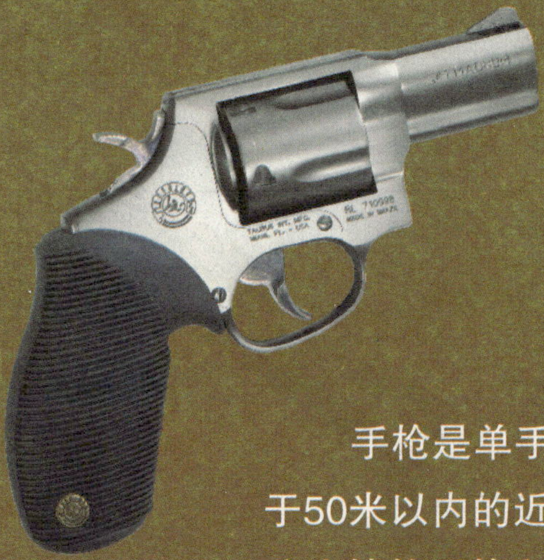

手枪

手枪是单手发射的短型枪械，短小方便，多用于50米以内的近战，杀伤威力良好。手枪按结构可分为转轮手枪和自动手枪；按用途分为自卫手枪、冲锋手枪和特种手枪。

转轮手枪又称为左轮手枪，是一种带多弹膛转轮的手枪，之所以被称为左轮手枪，是因为射击时，转轮是向左旋转的。左轮手枪装有一个转鼓式弹仓，鼓内有5~7个弹巢（大多为6个）。

自动手枪是利用火药燃气能量实现自动装填枪弹的手枪。弹夹供弹，自具有装弹快、容弹多、射速快、威力大等特点，很快便取代了转轮手枪。

美国

柯尔特左轮手枪

美国人塞缪尔·柯尔特发明的转轮手枪于1835年获得了专利，得到使用者的认同。时至今天，它依然是世界上第一种真正成功并得到广泛应用的转轮手枪。

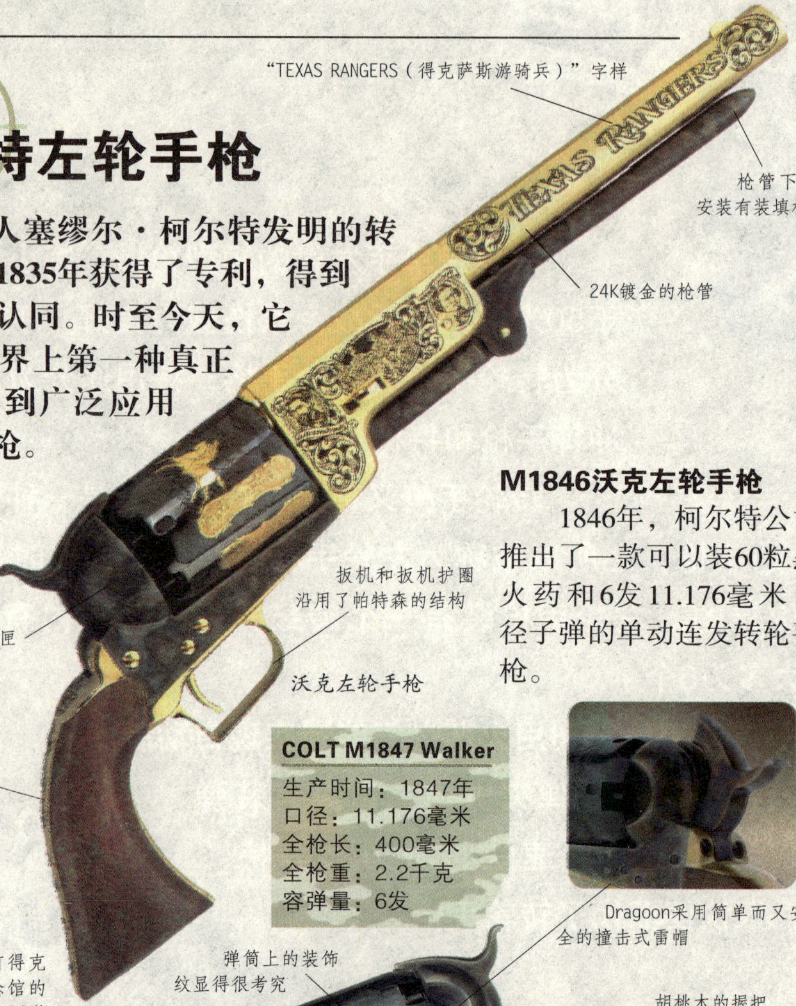

沃克左轮手枪

M1846沃克左轮手枪

1846年，柯尔特公司推出了一款可以装60粒黑火药和6发11.176毫米口径子弹的单动连发转轮手枪。

COLT M1847 Walker
生产时间：1847年
口径：11.176毫米
全枪长：400毫米
全枪重：2.2千克
容弹量：6发

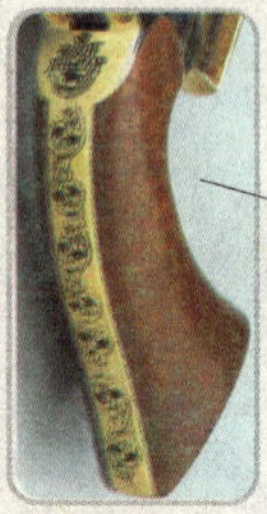
枪托脊上有得克萨斯游骑兵纪念馆的标志，加上模仿19世纪一流的卷轴雕刻图案，使整款枪显得华贵而精美。

Dragoon采用简单而又安全的撞击式雷帽

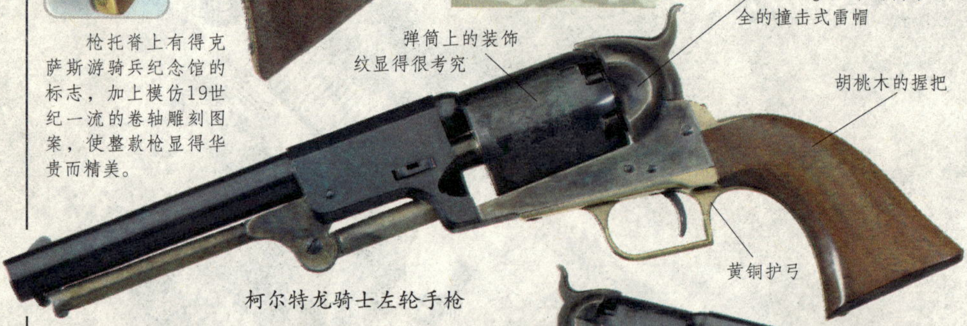

柯尔特龙骑士左轮手枪

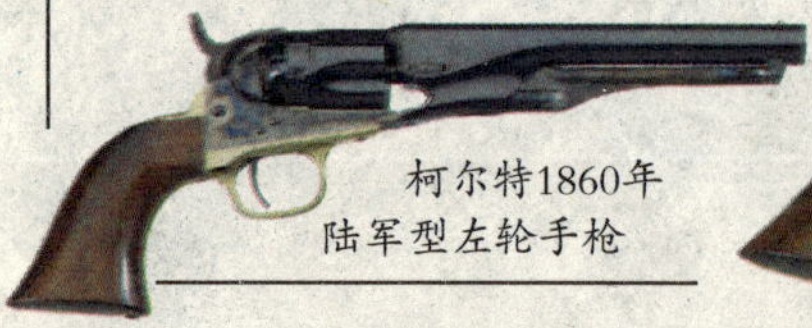
柯尔特1860年陆军型左轮手枪

柯尔特1861年海军型左轮手枪

和事佬左轮手枪

M1873柯尔特陆军单动转轮手枪被美国陆军批准为美国骑兵的制式武器，称为“标准骑兵转轮手枪”，俗称“和事佬”（Peacemaker）。其主要特点是结构简单、零件少。

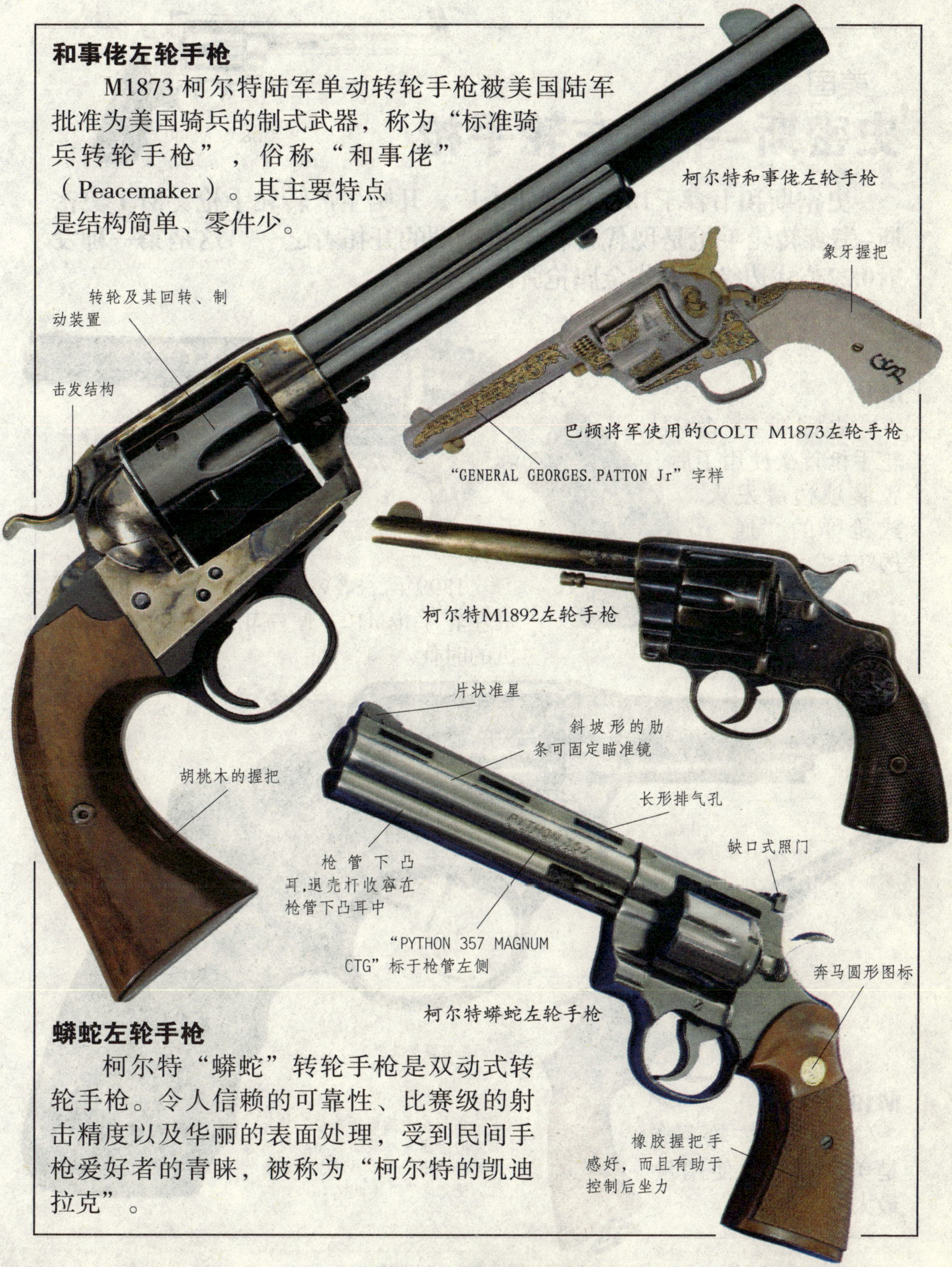

柯尔特和事佬左轮手枪

巴顿将军使用的COLT M1873左轮手枪

柯尔特M1892左轮手枪

柯尔特蟒蛇左轮手枪

蟒蛇左轮手枪

柯尔特“蟒蛇”转轮手枪是双动式转轮手枪。令人信赖的可靠性、比赛级的射击精度以及华丽的表面处理，受到民间手枪爱好者的青睐，被称为“柯尔特的凯迪拉克”。

S&W M500

美国
史密斯-韦森左轮手枪

史密斯和韦森于1857年创建工厂，开始生产转轮手枪。M 1 史密斯-韦森转轮手枪是现代转轮手枪早期的开拓者之一。这是第一种发射0.22英寸边缘发火式金属枪弹的手枪。

M1

史密斯-韦森M1转轮手枪首次使用了后膛装填边缘发火式枪弹的“通透转轮”。

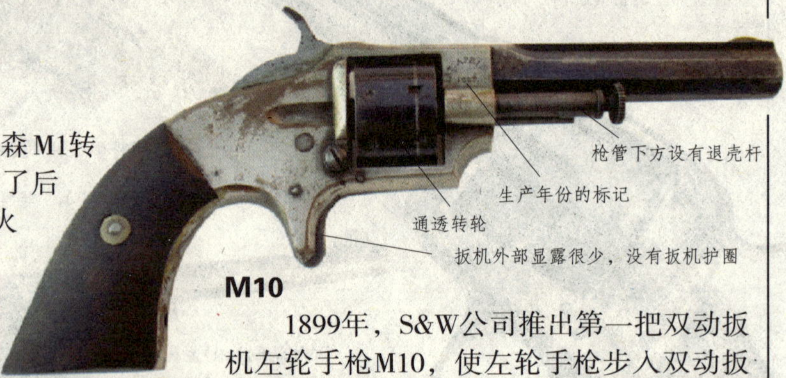

S&W M1

M10

1899年，S&W公司推出第一把双动扳机左轮手枪M10，使左轮手枪步入双动扳机的时代。

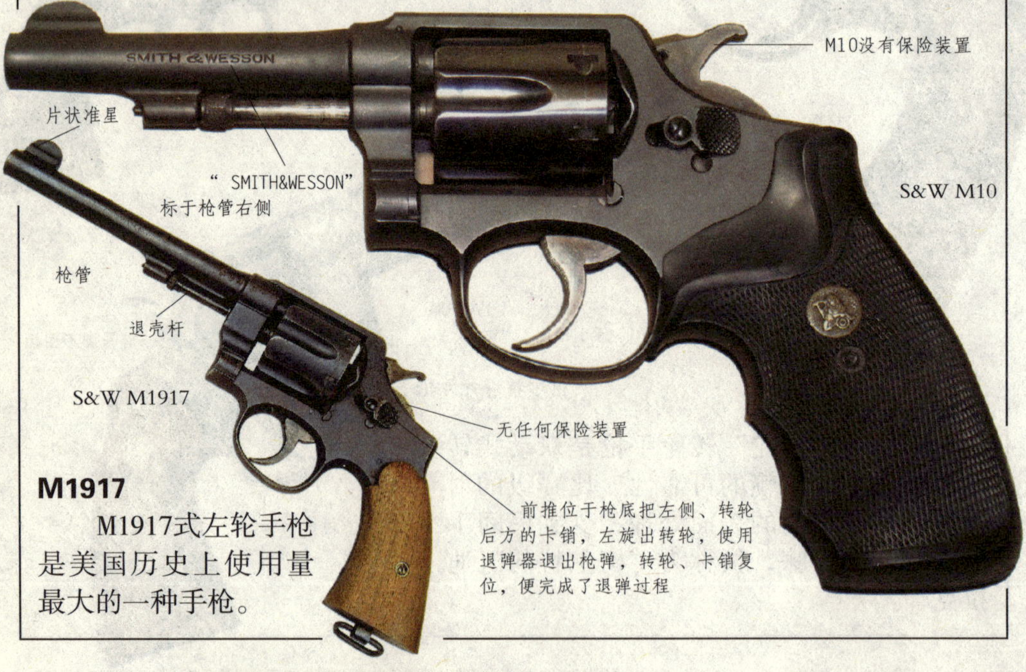

S&W M10

S&W M1917

M1917

M1917式左轮手枪是美国历史上使用量最大的一种手枪。

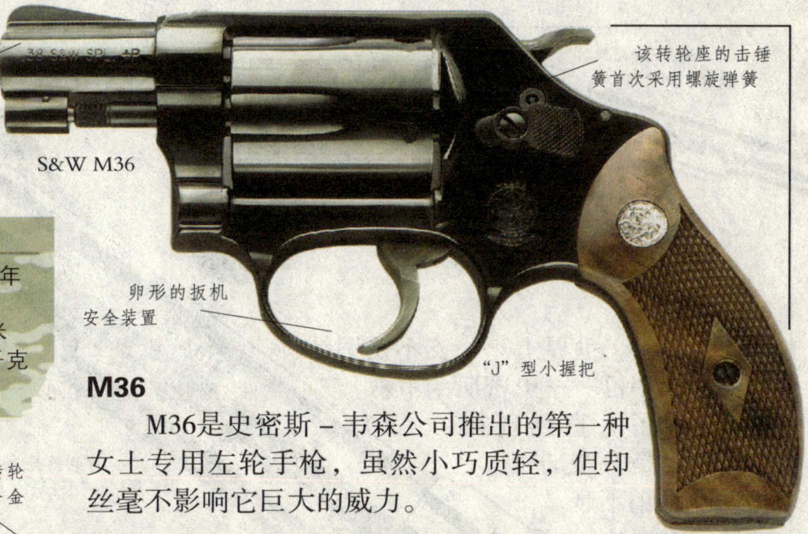

“.38 S&W SPL”标于枪管左侧

该转轮座的击锤簧首次采用螺旋弹簧

S&W M36

卵形的扳机安全装置

“J”型小握把

S&W M36

生产时间：1950年
口径：9毫米
全枪长：191毫米
全枪重：0.694千克
容弹量：5发

M36

M36是史密斯－韦森公司推出的第一种女士专用左轮手枪，虽然小巧质轻，但却丝毫不影响它巨大的威力。

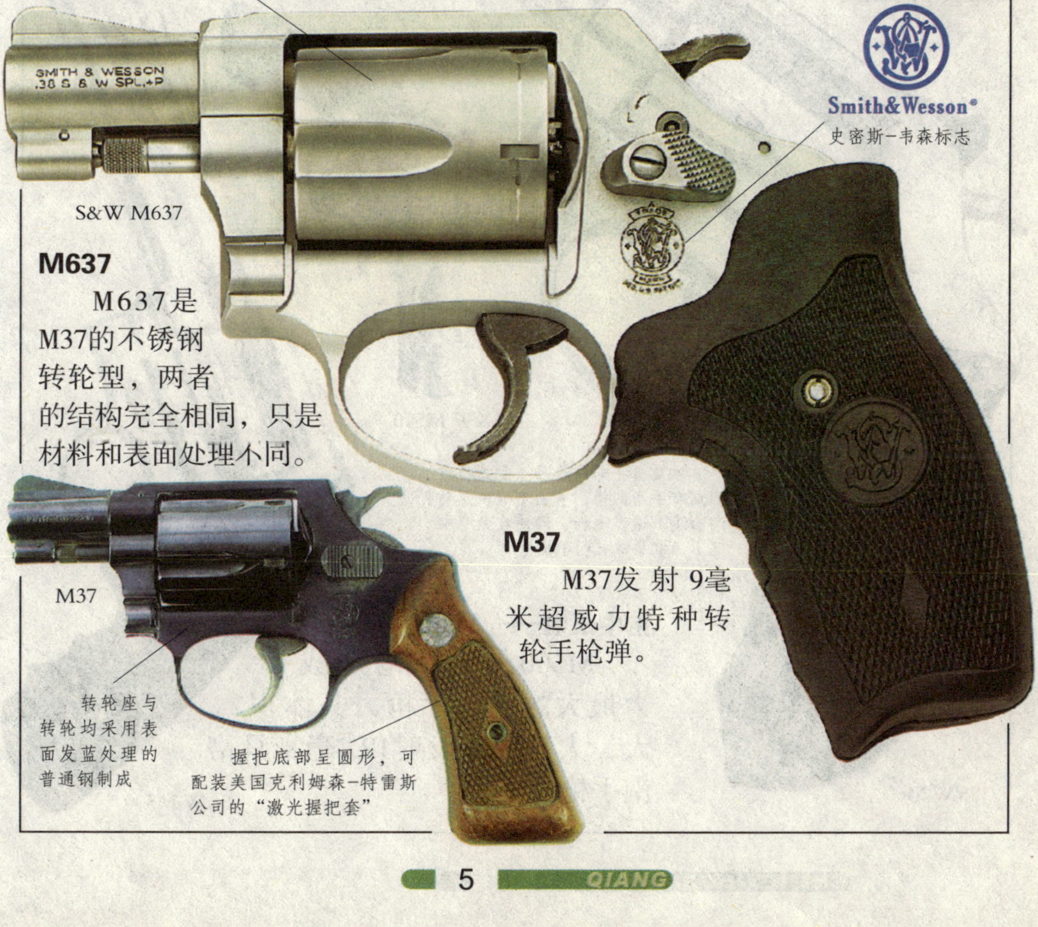

采用不锈钢转轮与灰色抛光的铝合金转轮座

Smith&Wesson®
史密斯－韦森标志

S&W M637

M637

M637是M37的不锈钢转轮型，两者的结构完全相同，只是材料和表面处理不同。

M37

转轮座与转轮均采用表面发蓝处理的普通钢制成

握把底部呈圆形，可配装美国克利姆森－特雷斯公司的“激光握把套”

M37

M37发射9毫米超威力特种转轮手枪弹。

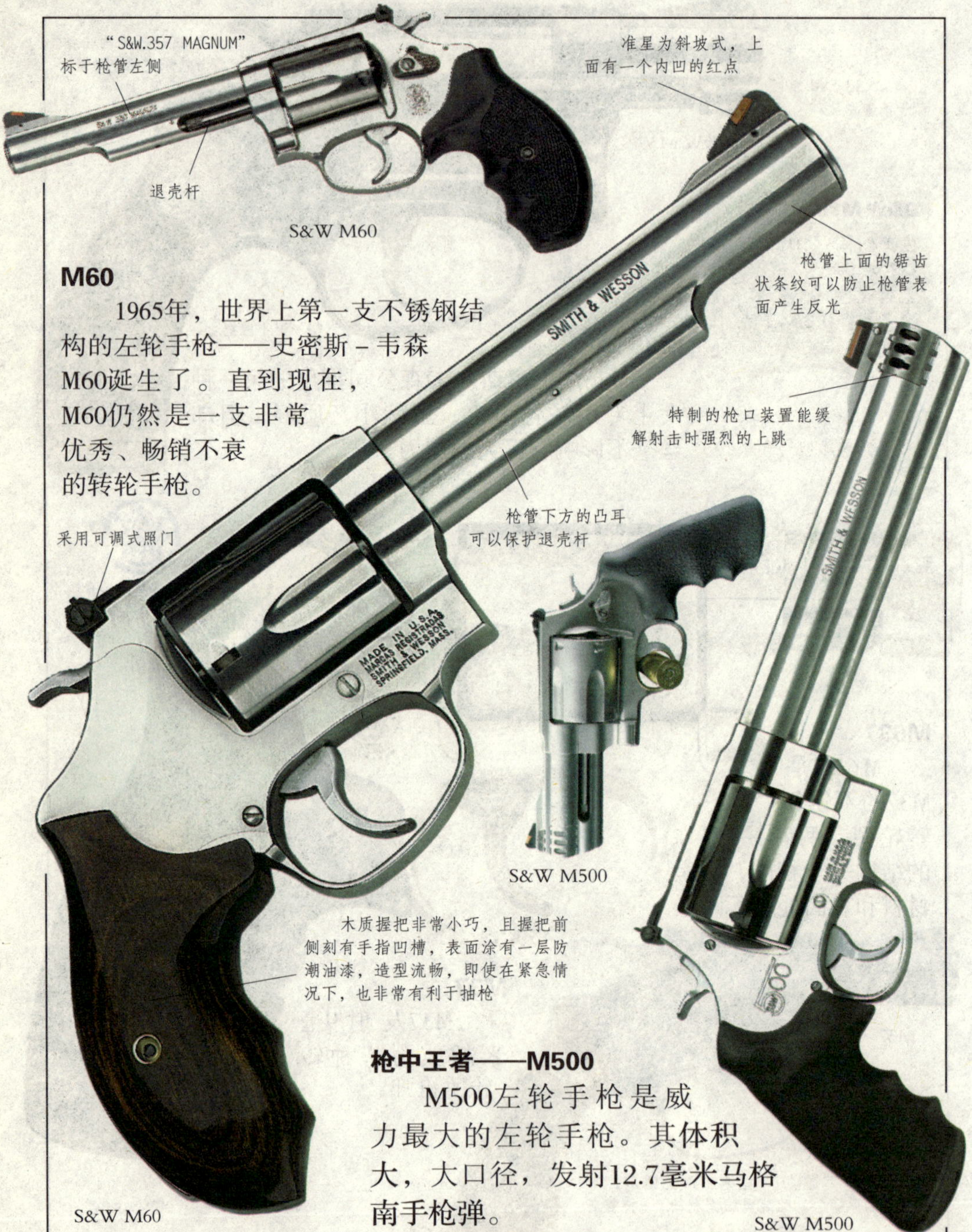

S&W M60

M60

1965年，世界上第一支不锈钢结构的左轮手枪——史密斯－韦森M60诞生了。直到现在，M60仍然是一支非常优秀、畅销不衰的转轮手枪。

S&W M500

S&W M60

枪中王者——M500

M500左轮手枪是威力最大的左轮手枪。其体积大，大口径，发射12.7毫米马格南手枪弹。

S&W M500

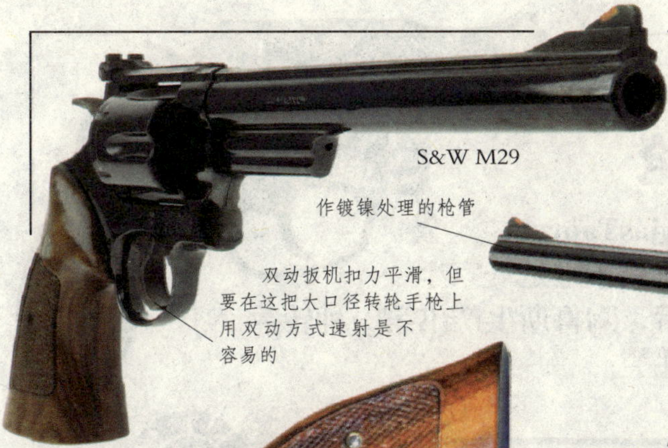

M29

M29采用优良的抛光和镍表面涂层技术，自从1972年在美国警匪电影中出现后便大受欢迎。

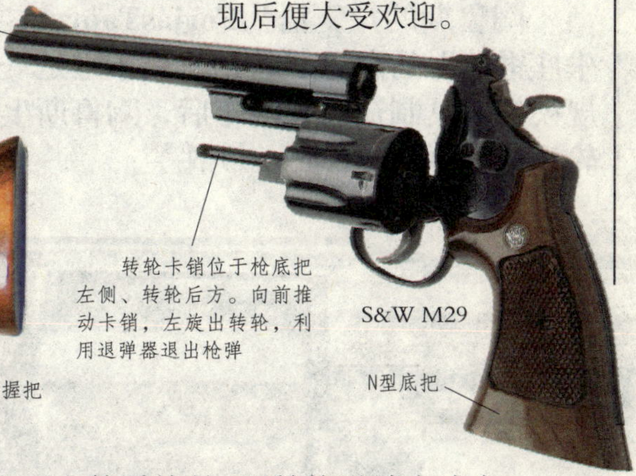

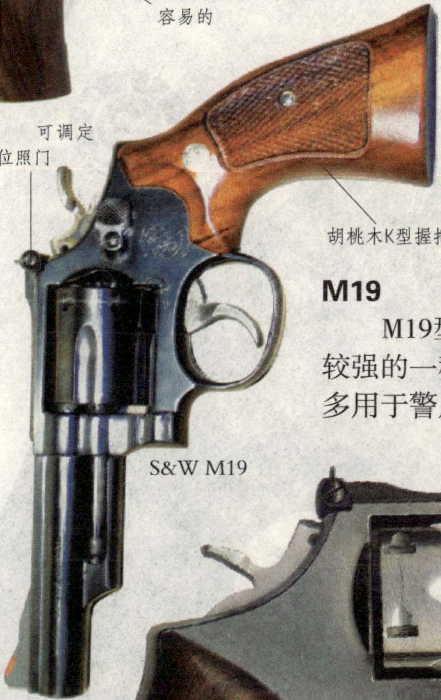

M19

M19型左轮手枪是K型结构设计中威力较强的一种，也称为伯格曼左轮手枪。此枪多用于警用和个人自卫。

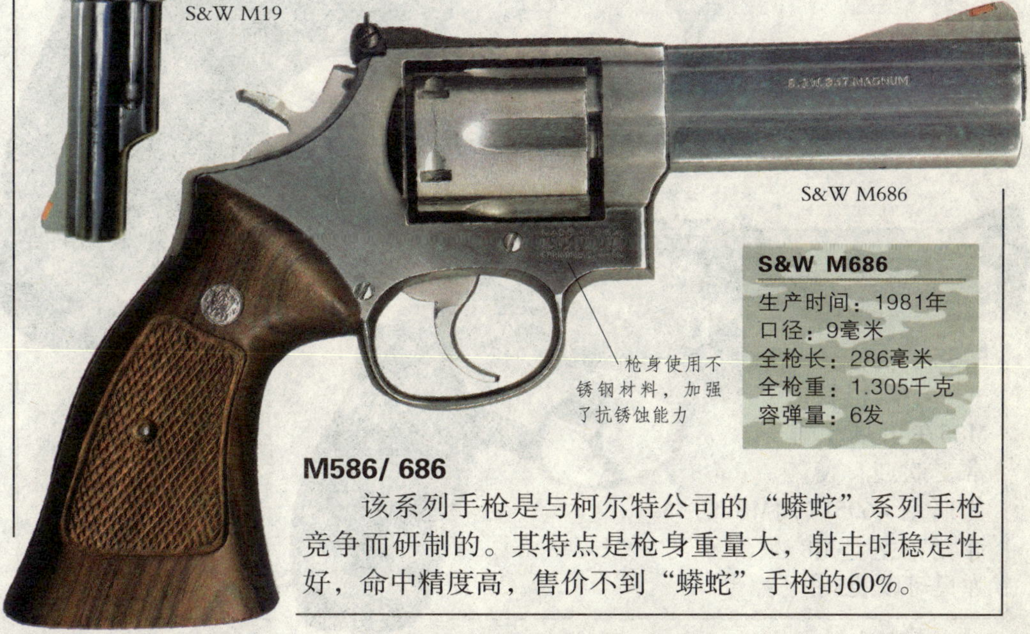

S&W M686

生产时间：1981年
口径：9毫米
全枪长：286毫米
全枪重：1.305千克
容弹量：6发

M586/ 686

该系列手枪是与柯尔特公司的“蟒蛇”系列手枪竞争而研制的。其特点是枪身重量大，射击时稳定性好，命中精度高，售价不到“蟒蛇”手枪的60%。

巴西

陶鲁斯转轮手枪

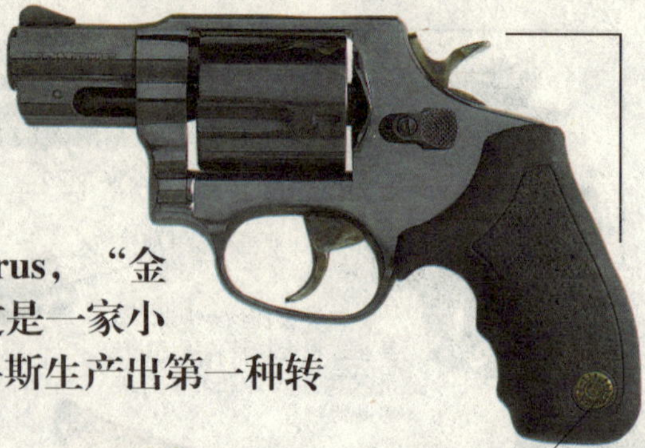

陶鲁斯的拉丁语为ForjasTaurus，“金牛座锻造”的意思。起初它只不过是一家小规模的工具制造商，两年后，陶鲁斯生产出第一种转轮手枪，称为38101－SO型。

陶鲁斯标志

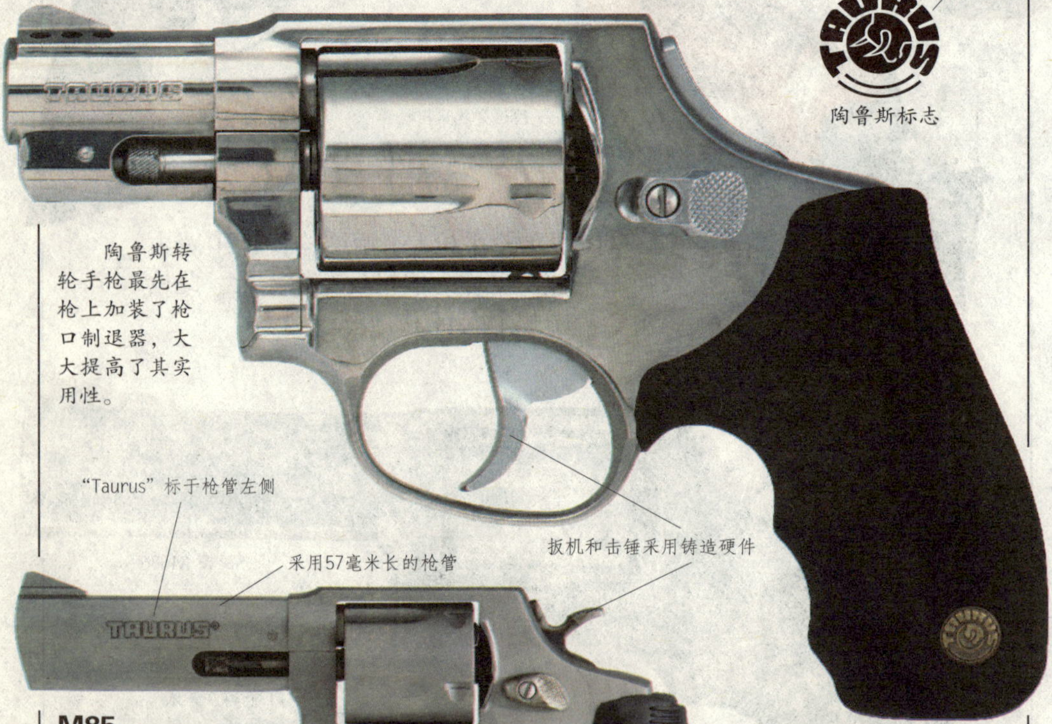

陶鲁斯转轮手枪最先在枪上加装了枪口制退器，大大提高了其实用性。

“Taurus”标于枪管左侧

采用57毫米长的枪管

扳机和击锤采用铸造硬件

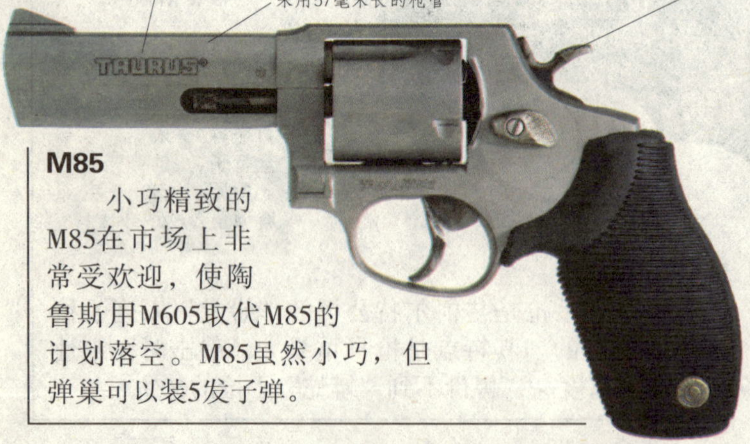

M85

小巧精致的M85在市场上非常受欢迎，使陶鲁斯用M605取代M85的计划落空。M85虽然小巧，但弹巢可以装5发子弹。

M85

服役时间：1985年
口径：9.65毫米
全枪长：165.1毫米
枪管长：50.8毫米
空枪重：0.595千克
容弹量：5发

精心设计的瞄准镜更具王者之气

M605转轮手枪

1996年初，陶鲁斯推出M605型转轮手枪，用以替代本来十分畅销的M85型。M605是J型框架的“狮子鼻”式左轮手枪。

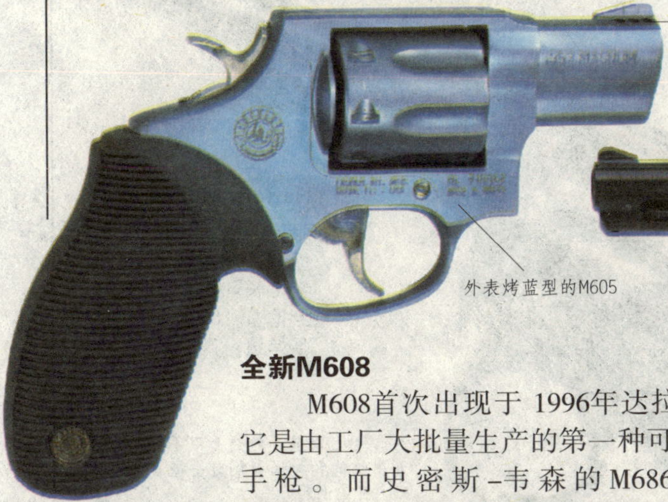

枪管顶部带肋条，并在顶部钻有孔，这是当今较为流行的一种补偿系统

外表烤蓝型的M605

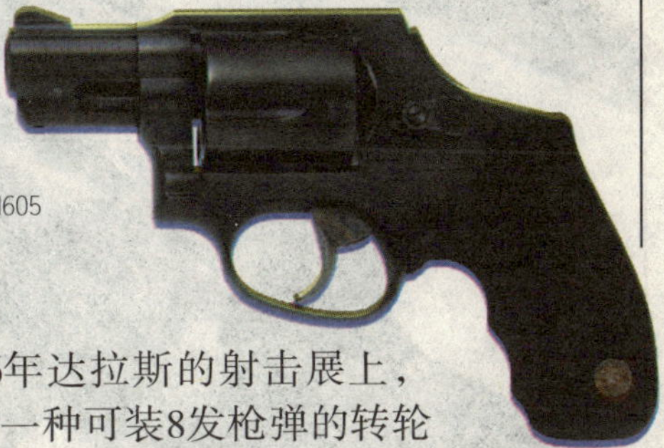

全新M608

M608首次出现于1996年达拉斯的射击展上，它是由工厂大批量生产的第一种可装8发枪弹的转轮手枪。而史密斯-韦森的M686Plus和陶鲁斯的M607也仅可装7发9毫米的马格南手枪弹。

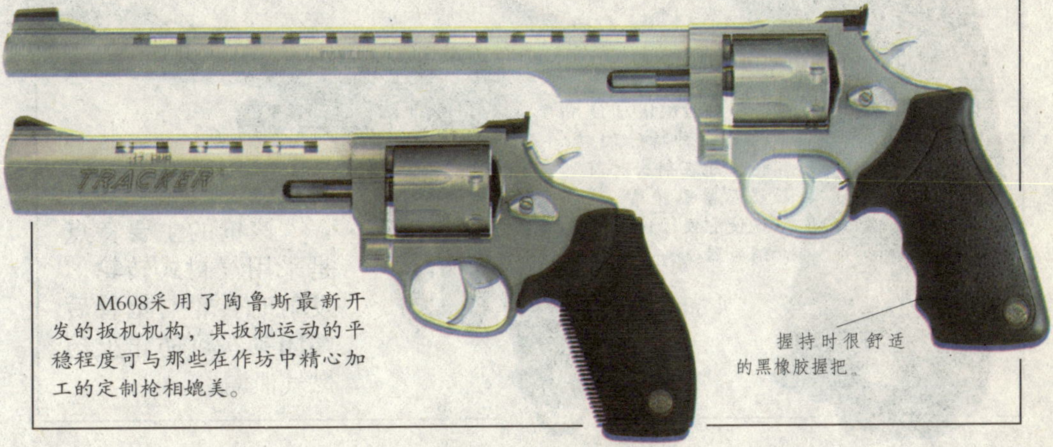

M608采用了陶鲁斯最新开发的扳机机构，其扳机运动的平稳程度可与那些在作坊中精心加工的定制枪相媲美。

握持时很舒适的黑橡胶握把。

俄国

纳甘M1895左轮手枪

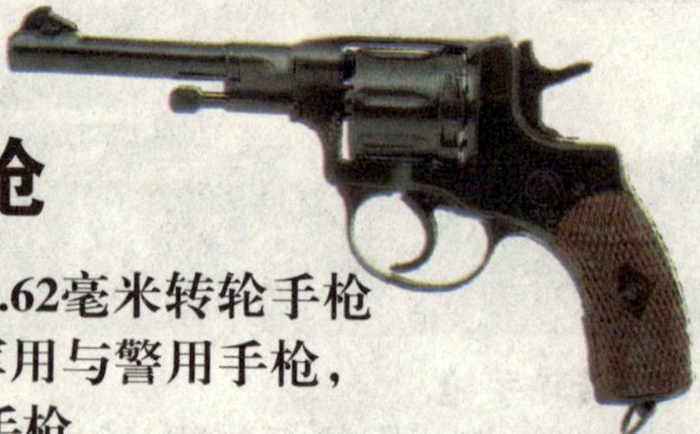

比利时军械师L·纳甘研制的7.62毫米转轮手枪在1895年被沙皇俄国正式选定为军用与警用手枪，并称为纳甘（Nagant）M1895转轮手枪。

Nagant M1895

服役时间：1895年
口径：7.62毫米
全枪长：229毫米
全枪重：0.79千克
容弹量：7发

特点

该枪的主要特点是采用气封式转轮，发射时转轮与枪管后端闭锁，可防止火药燃气泄漏。

中国

9mm警用左轮手枪

左轮手枪安全可靠，走火率几乎为零。新型9毫米警用转轮手枪的面世打破了中国的警用手枪一直采用自动手枪的局面，而且还是92式9毫米手枪的有力补充。

9mm警用转轮手枪

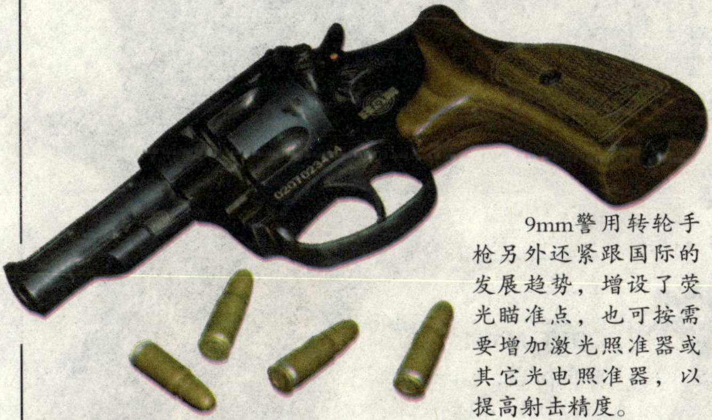

9mm警用转轮手枪另外还紧跟国际的发展趋势，增设了荧光瞄准点，也可按需要增加激光照准器或其它光电照准器，以提高射击精度。

9mm警用转轮手枪

服役时间：2006年
口径：9毫米
全枪长：186毫米
枪管长：76.2毫米
全枪重：0.65千克
容弹量：6发

安全性能好

新型9毫米警用转轮手枪外形美观大方，结构简单紧凑新颖、威力大，射击精度好，使用安全可靠，能适应各种恶劣的环境，维护也很方便。

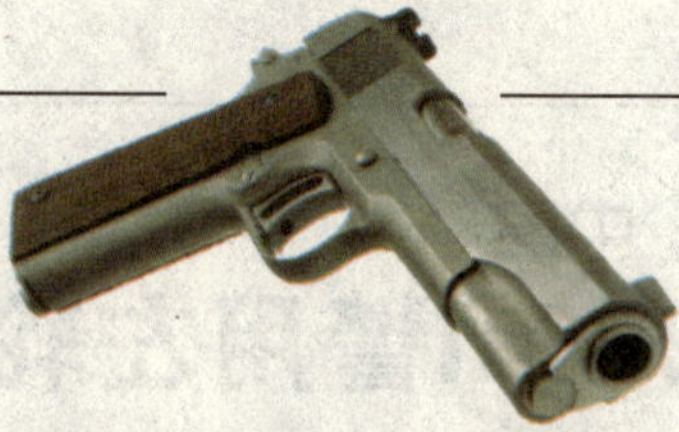

美国

柯尔特自动手枪

美国柯尔特自动手枪在手枪的发展史上无疑是获得赞誉最多的手枪之一。柯尔特M1911式及其改进型M1911A1式，经历无数次战火洗礼，不论对美军还是对世界手枪的发展都产生过深远影响。

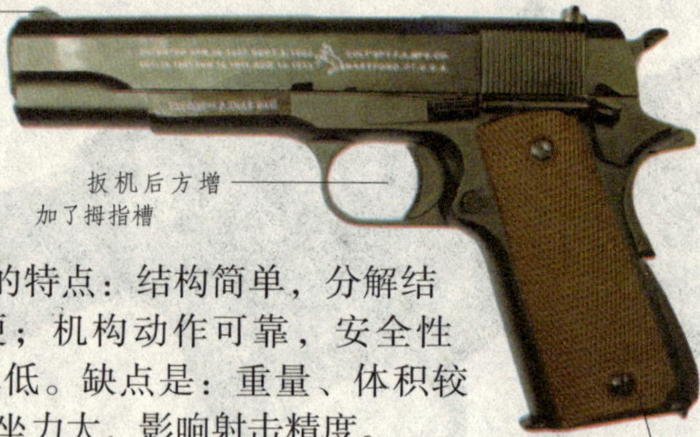

柯尔特 M1911

M1911

M1911的特点：结构简单，分解结合比较方便；机构动作可靠，安全性好，故障率低。缺点是：重量、体积较大，射击后坐力大，影响射击精度。

柯尔特 M1911A1

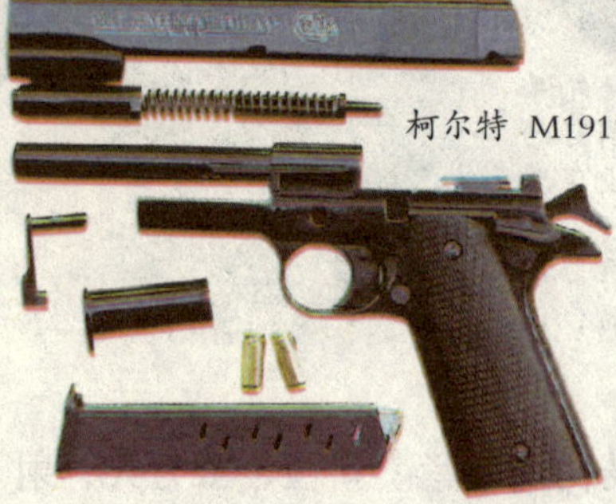
柯尔特 M1911A1分解图

COLT M1911A1

服役时间：1911年
口径：11.43毫米
全枪长：216毫米
全枪重：1.13千克
容弹量：7发

枪身铭文“COMBAT COMMANDER COLT AUTOMATIC CALIBER.45”标于套筒左侧

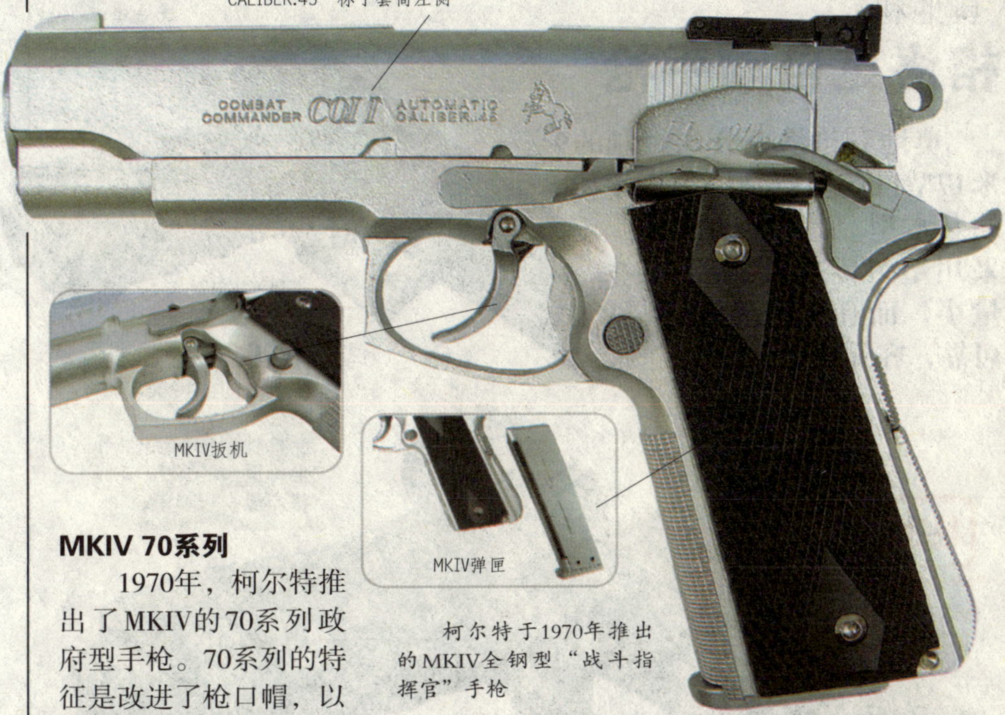

MKIV扳机

MKIV弹匣

柯尔特于1970年推出的MKIV全钢型“战斗指挥官”手枪

MKIV 70系列

1970年，柯尔特推出了MKIV的70系列政府型手枪。70系列的特征是改进了枪口帽，以增加精度。

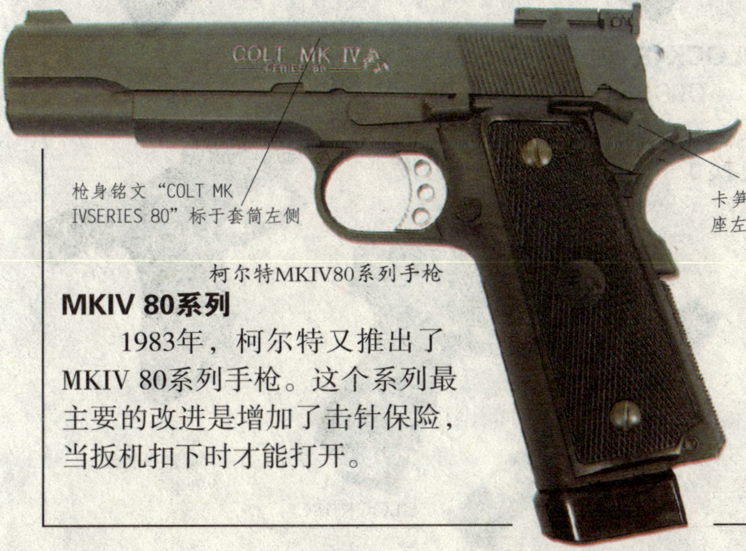

枪身铭文“COLT MK IVSERIES 80”标于套筒左侧

手动保险卡笋位于套筒座左侧后上方

柯尔特MKIV80系列手枪

MKIV 80系列

1983年，柯尔特又推出了MKIV 80系列手枪。这个系列最主要的改进是增加了击针保险，当扳机扣下时才能打开。

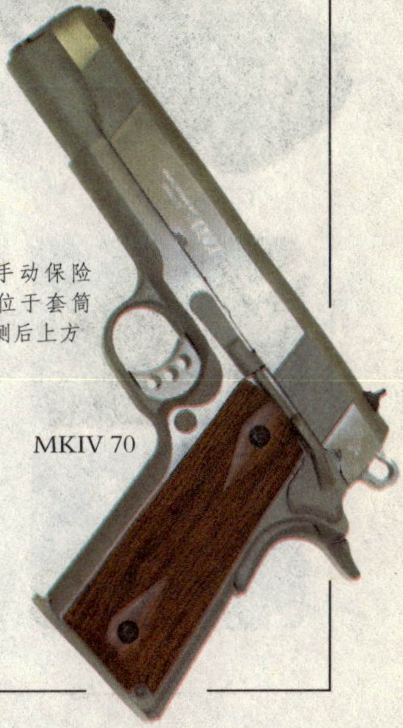
MKIV 70

奥地利

格洛克自动手枪

奥地利格洛克公司研制的9毫米17型自动手枪是格洛克手枪的基本型。其特点是广泛采用塑料零部件，质量小，而且机构动作可靠，容弹量也大。

无击锤的推动式击发机构，有利于提高单发射击的精度。

"GLOCK 17 AUSTRIA 9×19"标于套筒左侧

GLOCK 17

GLOCK 17

生产时间：1983年
口径：9毫米
全枪长：186毫米
全枪重：0.625千克
容弹量：17/19发

增加了快慢机，可以选择单发或连发

枪身铭文"GLOCK 18 AUSTRIA 9×19"

GLOCK PERFECTION

格洛克标志

前面突出的小扳机是保险杆，扣动扳机就打开了保险

增容弹匣底座，一般被称为"+底座"

GLOCK 18

GLOCK18

GLOCK18的31发弹匣太长，有些射手为了便于携带而更换了"+底座"的标准17发弹匣（增容后为20发）。

GLOCK18的31发弹匣

GLOCK 18C

使用塑胶部件，性能优异

GLOCK 23

GLOCK23也是基于19型设计的，其发射0.40英寸史密斯–韦森枪弹，是专为需要隐蔽携枪的警员设计的。

0.45英寸ACP弹

GLOCK 30

套筒表面的修饰，采用称为“太尼费尔”（Tenifer）的坚硬防锈蚀涂层，比不锈钢更坚硬，所以格洛克无需生产不锈钢型。

GLOCK 23

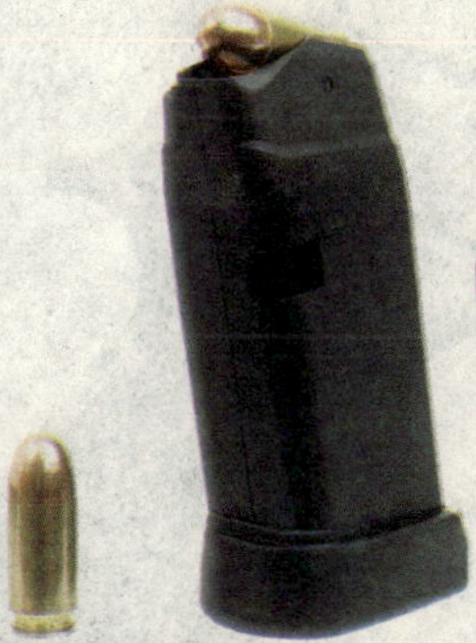

扣引扳机可完成待发状态，并可同时击发

GLOCK 36

GLOCK 37

从37式手枪的外部可看到一些改进之处。首先，抽壳钩上有兼作枪弹装填指示器的止动销，这一特征，据说是受斯普林菲尔德公司XD型手枪的影响。

保险装置有扳机保险、击针保险和跌落保险

握把上有手指凹槽

格洛克37式的人机工效良好，双侧带有防滑纹

GLOCK 37

意大利

伯莱塔92/96系列手枪

意大利伯莱塔公司是世界上最古老的枪械公司之一。早在16世纪初期，伯莱塔家族就已经开始生产轻武器了。

M92G Elite IA

M92F

92F式9毫米手枪的枪身使用轻合金制造，重量很轻，性能可靠，美军的青睐更使其声名远扬。

Beretta Bille-sx

Beretta 92FS
生产时间：1976年
口径：9毫米
全枪长：217毫米
全枪重：0.95千克
容弹量：15发

伯莱塔标志

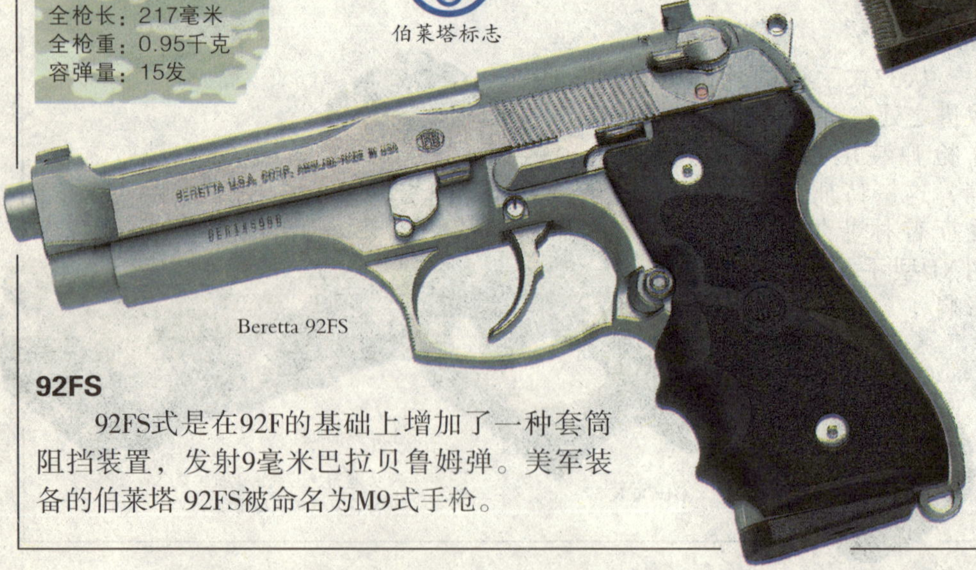

Beretta 92FS

92FS

92FS式是在92F的基础上增加了一种套筒阻挡装置，发射9毫米巴拉贝鲁姆弹。美军装备的伯莱塔 92FS被命名为M9式手枪。

96型

伯莱塔96型是92FS型的 10.16毫 米 S&W口 径型，除了口径不同、弹匣容量减少至11发外，96型与92FS型没有太大区别。

Beretta 92C

92G Elite II

Beretta 96型

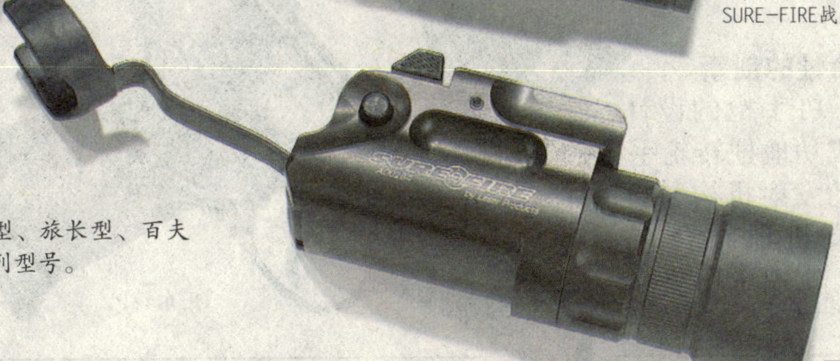

96型有紧凑型、旅长型、百夫长型等其他一系列型号。

德国

瓦尔特PP/PPK手枪

瓦尔特标志

德国卡尔·瓦尔特兵工厂生产的PP与PPK手枪，发展至今已有70多年历史了，仍然是小型手枪的经典之作，具有划时代意义。

瓦尔特PP

Mod.PP字样

PP是Polizei Pistole的缩写，意为“警用手枪”，主要装备于高级官员和秘密特工以及刑事侦探人员，便于隐蔽携带。

WALTHER PP

服役时间：1929年
口径：7.65毫米
全枪长：162/173毫米
全枪重：0.71/0.68千克
容弹量：8发

瓦尔特PP

革命性的创新

PP手枪的设计者成功地把转轮手枪的双动发射机构与自动手枪有机地结合在一起，实现了历史性跨越。

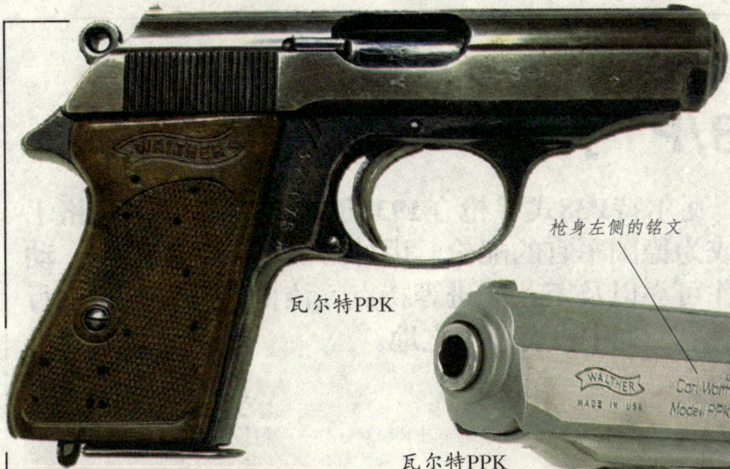

瓦尔特PPK

子弹上膛指示器位于撞针上方，无论是目视或手指触摸，都可立即确定枪膛内是否有子弹

枪身左侧的铭文

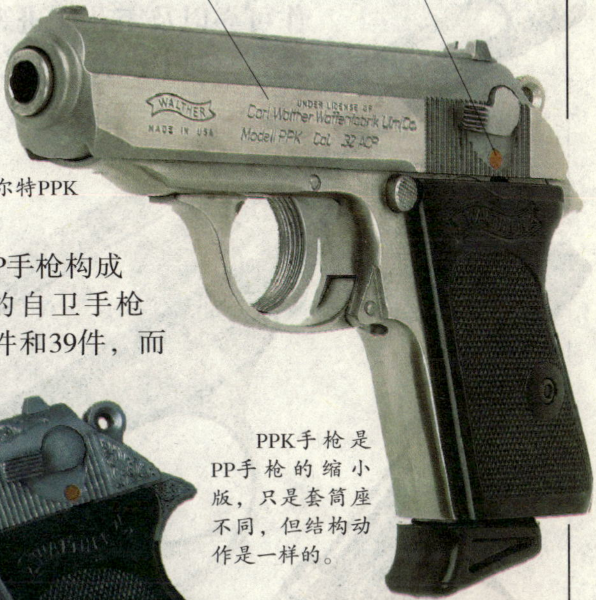

瓦尔特PPK

通用性好

PPK手枪的诞生，恰好与PP手枪构成了一个适合于特殊工作需要的自卫手枪族。两枪的零件总数分别是42件和39件，而其中可以通用的零件为29件。

PPK手枪是PP手枪的缩小版，只是套筒座不同，但结构动作是一样的。

瓦尔特PPK

在007系列电影中，邦德手中那把黑色的超酷PPK手枪不知吸引了多少影迷的目光，也成了他的招牌武器。

德国

瓦尔特P38/P1手枪

瓦尔特P38式手枪在1938年定型，并取代卢格手枪成为德国军官的配枪。因外形美观、性能稳定、动作可靠以及工艺先进等特点，该枪在世界名枪的行列中占有一席之地。

WALTHER P38/P1
服役时间：1938年
口径：9毫米
全枪长：213/218毫米
全枪重：084/0772千克
容弹量：8发

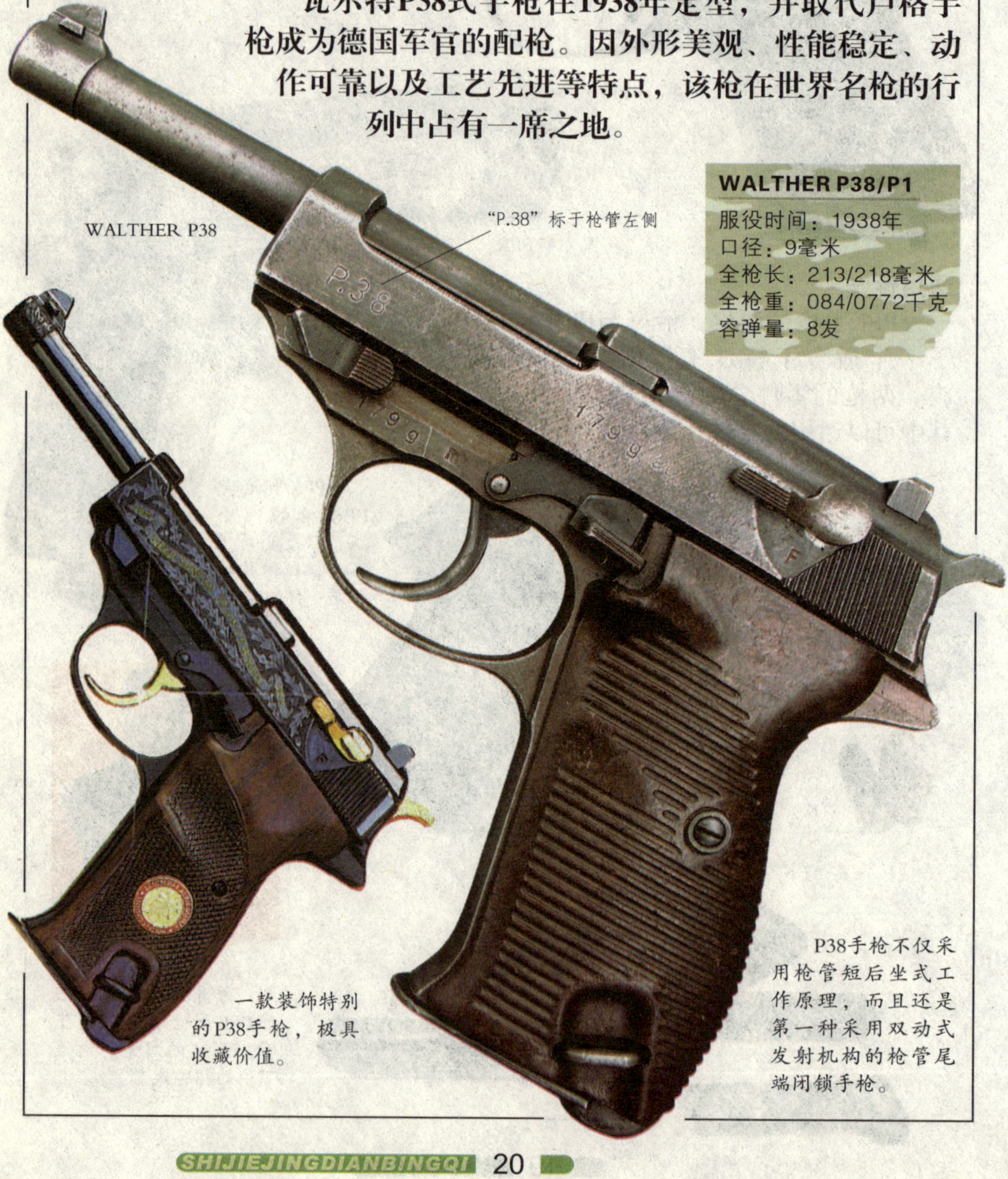

一款装饰特别的P38手枪，极具收藏价值。

P38手枪不仅采用枪管短后坐式工作原理，而且还是第一种采用双动式发射机构的枪管尾端闭锁手枪。

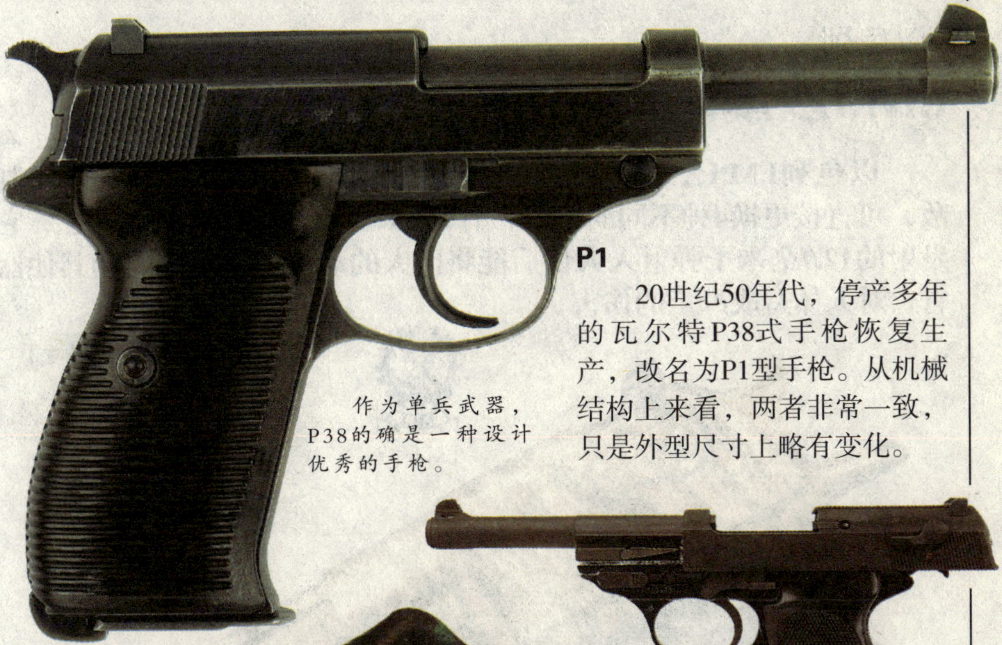

作为单兵武器，P38的确是一种设计优秀的手枪。

P1

20世纪50年代，停产多年的瓦尔特P38式手枪恢复生产，改名为P1型手枪。从机械结构上来看，两者非常一致，只是外型尺寸上略有变化。

枪管和滑套的锁耳是互相独立的

WALTHER P1

枪管具有水平低反冲的特性，因此命中率相当高

配备双动式扳机系统

以色列

I.M.I沙漠之鹰手枪

以色列I.M.I公司研制的“沙漠之鹰”手枪在近战中能一发制敌，可直接更换4种不同的枪管，有9毫米、12.7毫米等多种口径。它发射的12.7毫米子弹射入人体后能将巨大的动能传递给肌肉和其他器官，对人体造成严重的伤害。

I.M.I标志

Desert Eagle（0.44英寸）

服役时间：1986年
口径：11.18毫米
全枪长：270毫米
全枪重：1.897千克
容弹量：8发

“沙漠之鹰”外形彪悍，一般人很难对其进行控制。

与众不同

“沙漠之鹰”与其他自动手枪相比，最大的特点就是采用导气式开锁原理和枪机回转式闭锁，这是因为它发射的马格南手枪弹的威力实在太大。

0.44英寸口径的沙漠之鹰在精度、射程、威力和可靠性方面都优于0.357英寸和0.41英寸口径的沙漠之鹰。

难以驾驭

“沙漠之鹰”倍受好莱坞导演的喜爱，曾亮相于近500部影视中。它实在太大、太重，又挑子弹，而且很容易出故障，所以一般人难以驾驭。

袖珍炮

“沙漠之鹰”手枪原作为运动手枪使用。由于威力强大，很快转到了军警人员手中，并获得“袖珍炮”的雅号。

德国

卢格P08手枪

卢格P08手枪，是当时最具魅力的半自动手枪。其超凡魅力在于采用枪管短后坐自动方式与肘节式枪机闭锁机构。P08手枪结构独特，外观优雅，加工精良，且其动作的可靠性、安全性与同期的手枪相比，均属上乘。

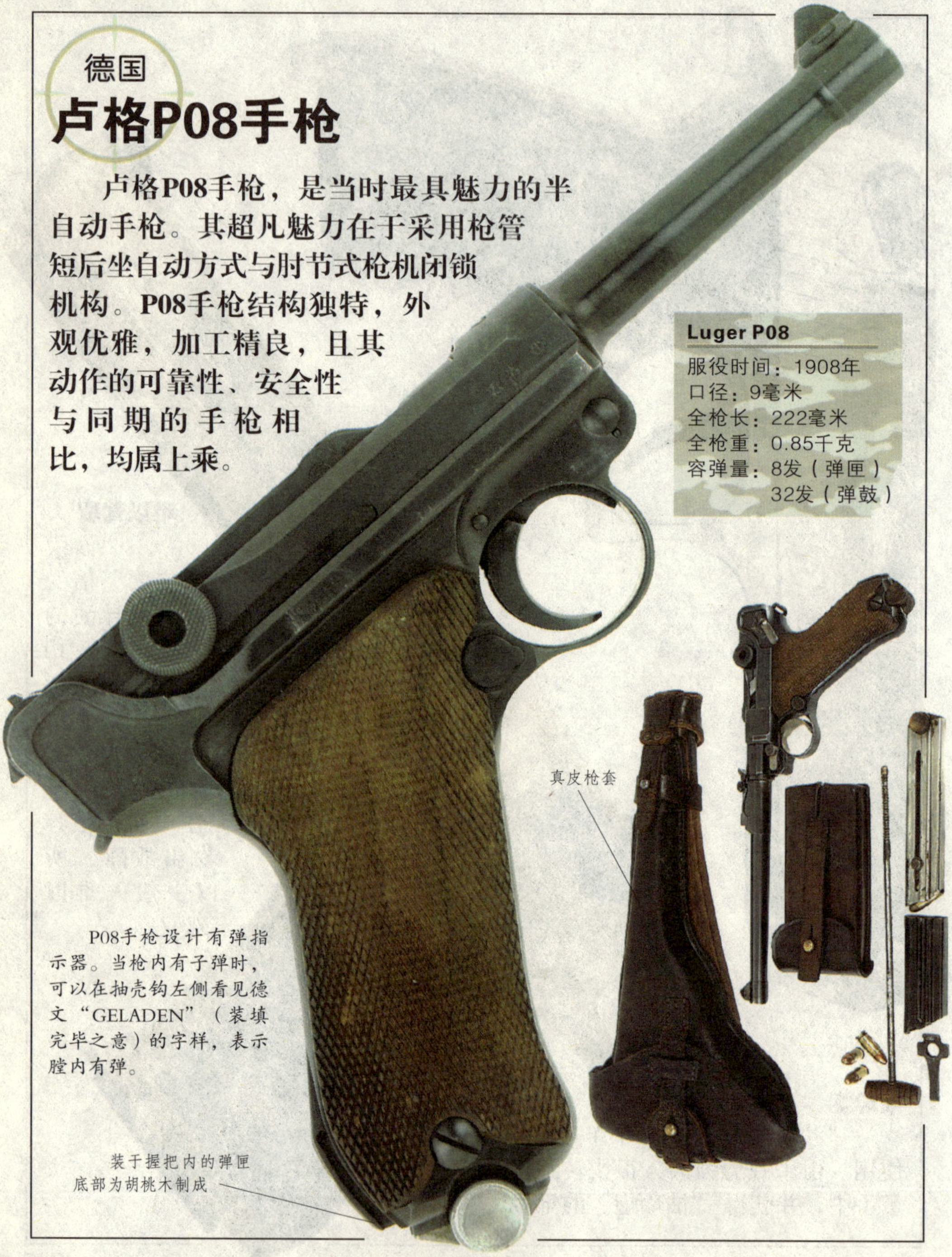

Luger P08

服役时间：1908年
口径：9毫米
全枪长：222毫米
全枪重：0.85千克
容弹量：8发（弹匣）
32发（弹鼓）

P08手枪设计有弹指示器。当枪内有子弹时，可以在抽壳钩左侧看见德文“GELADEN”（装填完毕之意）的字样，表示膛内有弹。

装于握把内的弹匣底部为胡桃木制成

真皮枪套

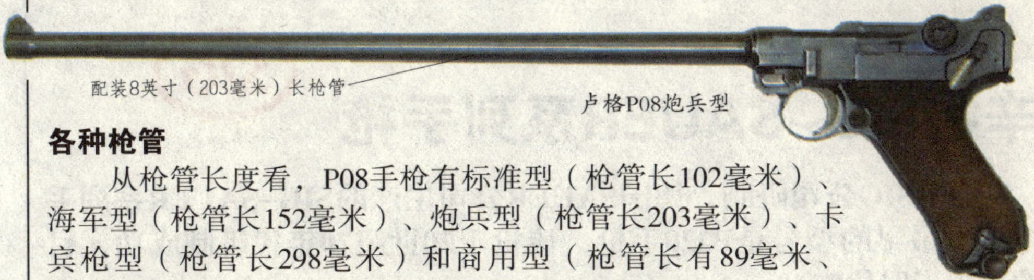

各种枪管

从枪管长度看，P08手枪有标准型（枪管长102毫米）、海军型（枪管长152毫米）、炮兵型（枪管长203毫米）、卡宾枪型（枪管长298毫米）和商用型（枪管长有89毫米、120毫米、191毫米、254毫米和610毫米）5种。

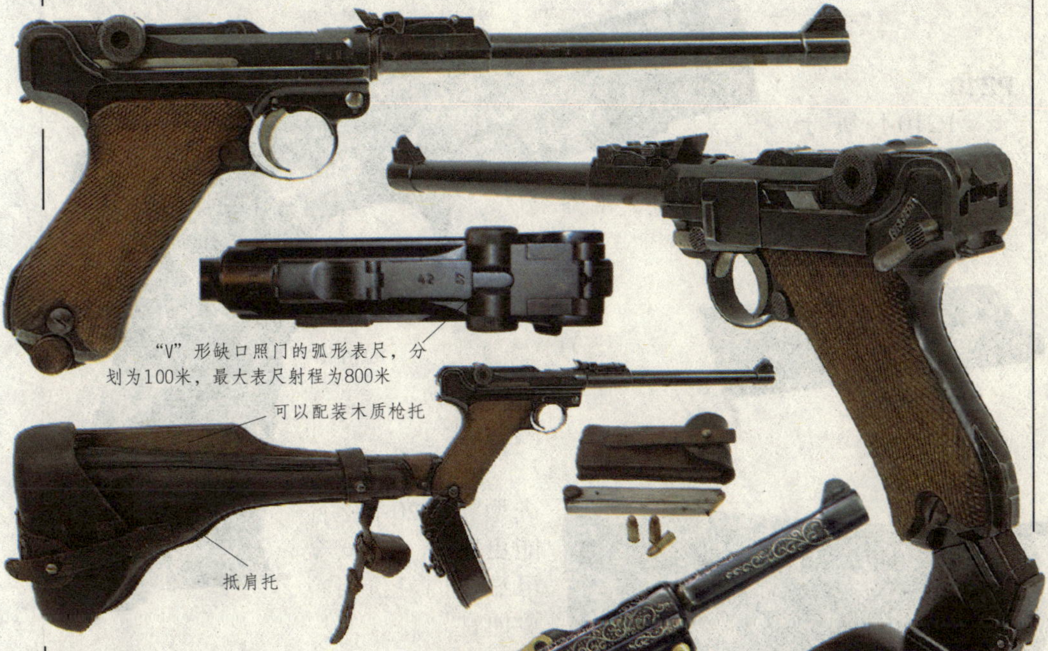

炮兵型

炮兵型又称机枪手卢格手枪，是P08手枪中的宝中宝，极其珍贵，由德国DWM公司于1914—1918年生产，仅2万支，后来几乎没有再生产。

瑞士

辛格SIG-SAUER系列手枪

SIG

辛格标志

瑞士SIG公司研制，德国SAUER公司生产的SIG-SAUER系列手枪中，最早的型号是P220手枪，该枪于20世纪70年代研制成功，目的是为了取代P210。

片状准星

辛格商标标于套筒左侧

套筒、套筒座全部用金属制成

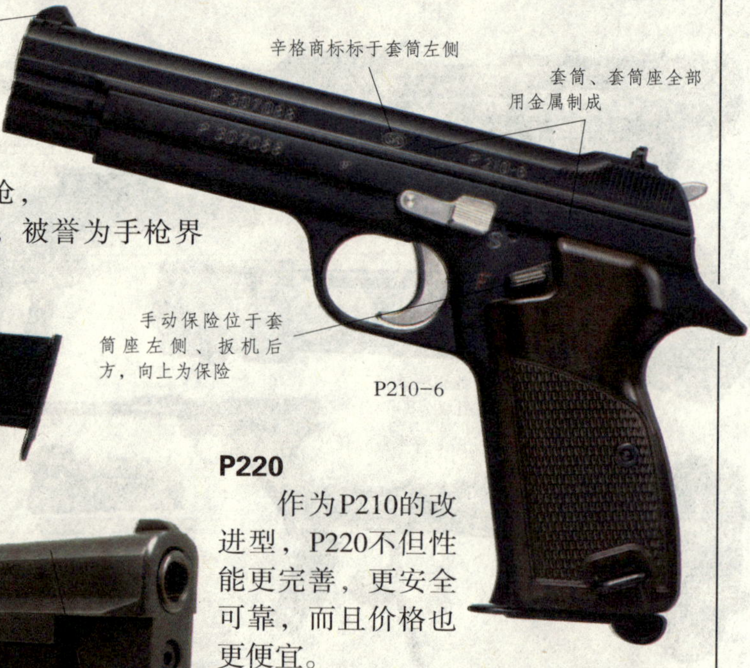

P210

P210不属于SIG-SAUER系列手枪，但其知名度非常高，被誉为手枪界的“劳斯莱斯”。

手动保险位于套筒座左侧、扳机后方，向上为保险

P210-6

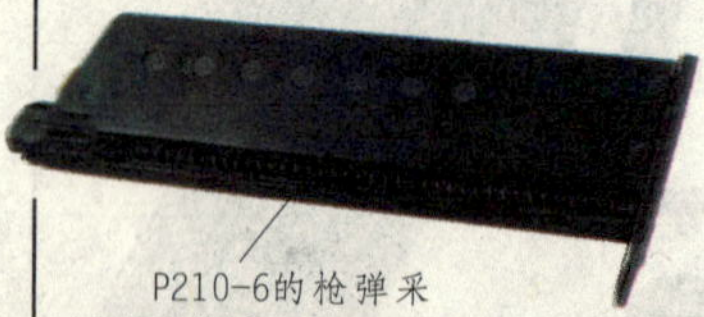

P210-6的枪弹采用单排排列的弹匣

P220

作为P210的改进型，P220不但性能更完善，更安全可靠，而且价格也更便宜。

“P220”字样标于套筒右侧前端

P220

SIG-SAUER P220

服役时间：1975年
口径：9毫米
全枪长：198毫米
全枪重：0.75千克
容弹量：9发

扳机上方是长方形的分解旋柄

空仓挂机柄

待击解脱杆

P225

P225是P220的紧凑型

采用不锈钢机加工艺制造，套筒更坚固

“SIGARMS INC Herndon-VA”标于枪管左侧

P226是在P220的基础上采用大容量弹匣和左右手均可操作的弹匣扣。该枪80%的零件与P220和P225的相同。

P226

P229

9毫米帕拉贝鲁姆手枪弹

P230

虽然P230是一款小型枪，但撞针保险、击锤释放钮、双动扳机一应俱全，所以是一款高安全性的手枪。

扳机结构制造精细，在扣动扳机时有明显的滑顺感

SIG-SAUER P230 SL

“SIG SAUER Sp2022”标于枪管左侧

“sig pro”

SP2022

德国

H&K 自动手枪

德国H&K公司在第二次世界大战后，为满足警方反恐需要而设计了一系列自动手枪。其中的特殊设计包括无击锤，采用了击针平移式双动扳机结构、气体延迟后坐结构。

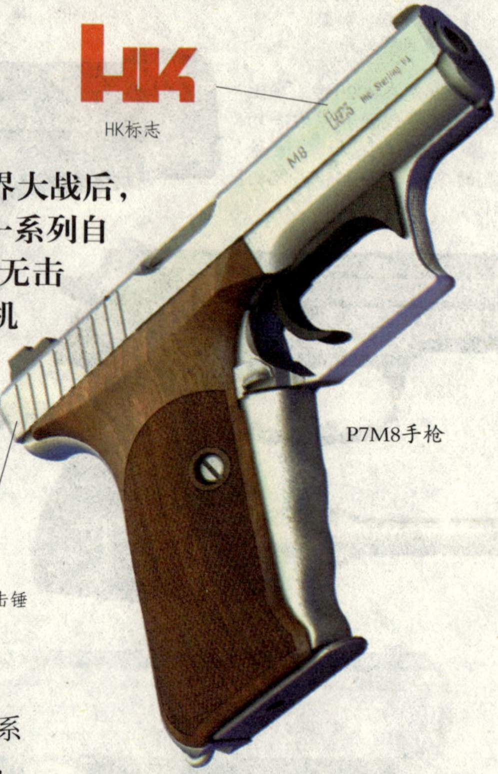

P7M8手枪

H&K P7

生产时间：1976年
口径：9毫米
全枪长：171毫米
全枪重：0.95千克
容弹量：8发（P7M8）
13发（P7M13）

HK P7

P7手枪并未运用滚珠延迟闭锁系统，而采用瓦斯延迟反冲运作机构，利用发射药产生的高压气体来驱动枪机闭锁。

独特而复杂

P9系列的一个最大特点是采用H&K公司步枪传统的滚珠式闭锁装置。在手枪上采用这种闭锁方式是极少见的。

P9S型手枪

H&K USP

USP（Universal Selbstlade Pistole，即通用自动装填手枪）有USP40式、USP9式和USP45式。

H&K USP45紧凑型

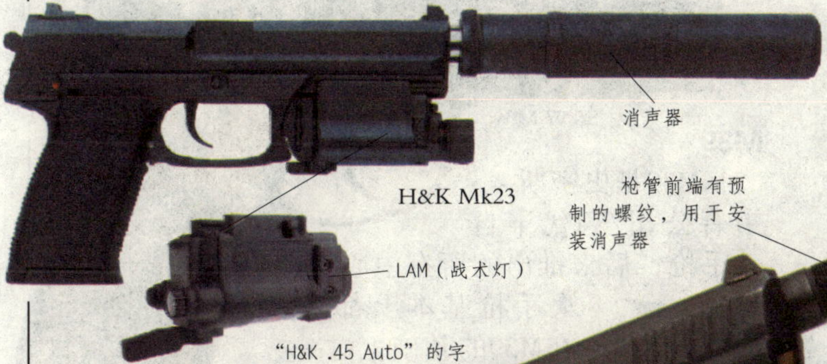

H&K Mk23

Hk 45型

H&K P2000

P2000

P2000手枪生产于2000年。它博采众长，既继承了USP系列的一些优点，又集合了其他品牌新型手枪的创新之处。

美国

史密斯-韦森自动手枪

史密斯-韦森公司着力于现代手枪的开发，特别是双动手枪的发展。他们的宗旨是满足所有阶层的消费者，在手枪产销的多样性方面，目前世界上还没有出现能与史密斯-韦森公司相抗衡的公司。

S&W M39

服役时间：1954年
口径：9毫米
全枪长：188毫米
全枪重：0.75千克
容弹量：8发

S&W M39

M39

M39是史密斯-韦森公司第1代半自动手枪，后来推出的所有中心发火手枪基本上都是在M39的基础上进一步发展的。

许多第2代手枪用尺寸较高的可调式照门

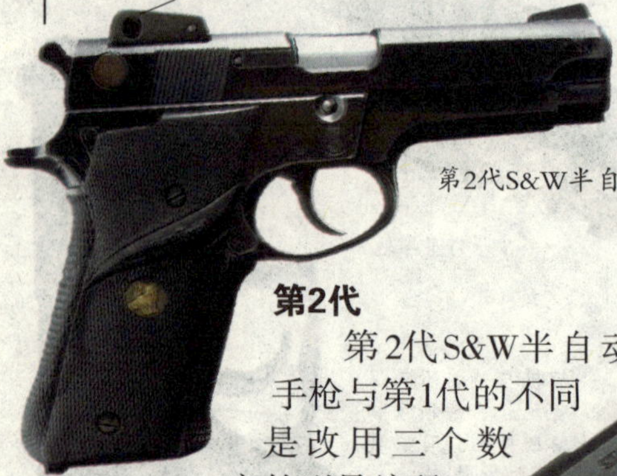

第2代S&W半自动手枪M559

第2代

第2代S&W半自动手枪与第1代的不同是改用三个数字的型号编码和采用不同的底把材料。

0.40英寸口径的 M&P4

M&P系列

M&P是“Military&Police”的英文缩写，意为“军警用”。M&P系列也属于史密斯-韦森第1代半自动手枪。

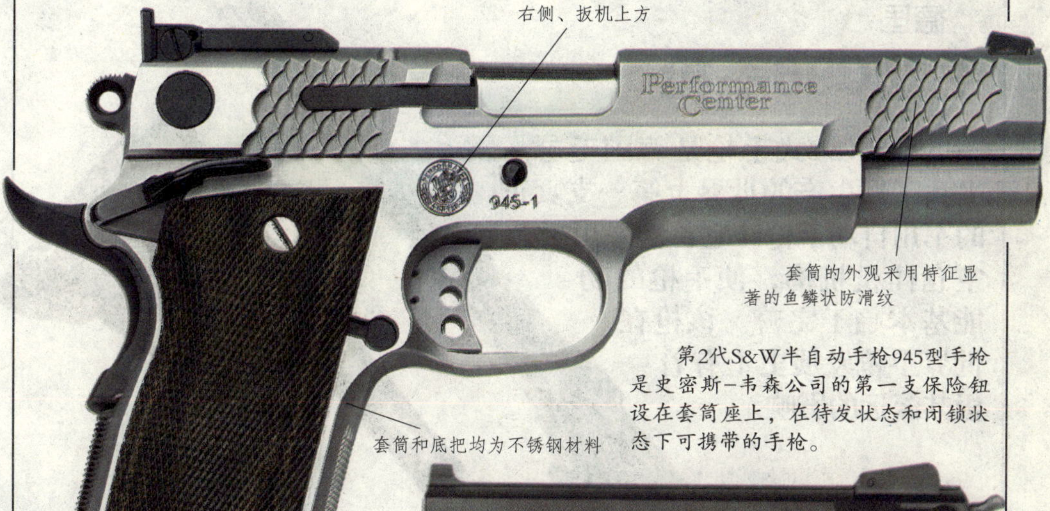

第2代S&W半自动手枪945型手枪是史密斯-韦森公司的第一支保险钮设在套筒座上，在待发状态和闭锁状态下可携带的手枪。

第3代M4563改进型

第3代不锈钢型4516-1

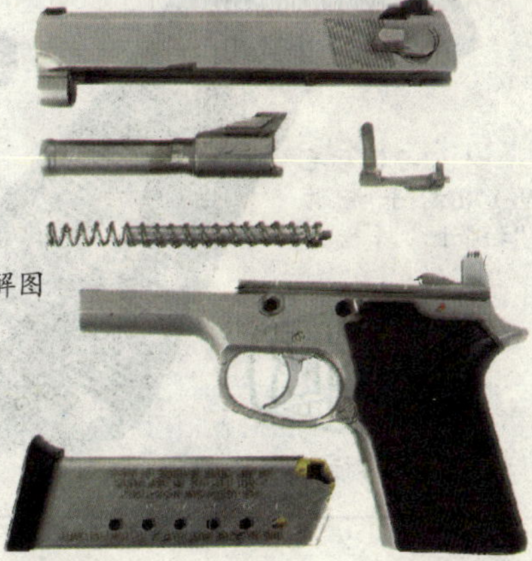
4516-1分解图

第3代

前两位数字表示口径和底把形式（仅限9毫米），第三位数字表示扳机形式和底把尺寸，第四位数字表示底把材料（所有型号均采用不锈钢套筒）。

德国

毛瑟C96手枪

毛瑟C96式手枪是德国毛瑟·雷夫兵工厂生产的世界上第一支真正的军用自动手枪。它首次采用了空仓挂机机构，使手枪的功能基本趋于完善。该枪在世界手枪发展史上有着极其深远的影响。

采用卡铁摆动式闭锁机构和枪管短后坐式自动方式

人们习惯称毛瑟C96式手枪为“扫帚把”手枪。

皮质枪套

MAUSER C96

服役时间：1896年
口径：7.65毫米
全枪长：305毫米
全枪重：1.15千克
容弹量：10发

配用的10发桥式弹夹

MAUSER

毛瑟标志

遭遇瓶颈

因为毛瑟手枪的价格过于昂贵，而且当作手枪尺寸太大，当作步枪威力又太小，所以，毛瑟手枪很少作为军队的制式武器在战场上使用。

个性别称

英国人称C96为“扫帚把”，德国人叫它“牛蹄子”，中国人则称为“20响”、“盒子炮”，似乎都不能登大雅之堂。

标尺

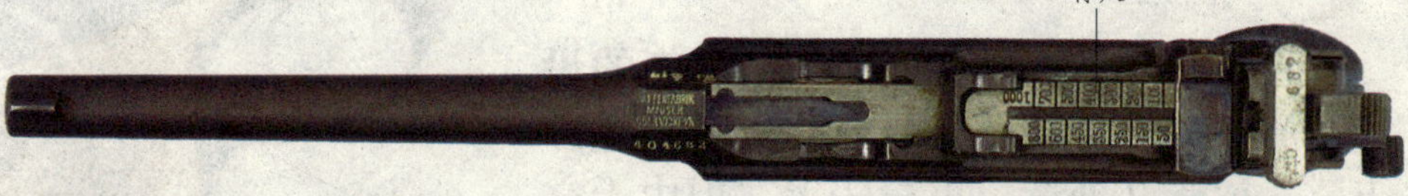

枪管细长，射手用眼睛的余光略略瞄准就可以打中目标

C96式手枪的枪套通常是个木头盒子，这个盒子除了装枪还可以安在枪把上成为一个枪托，以提高射击精度

快慢机

毛瑟M1932式手枪

1932年，C96式手枪的左侧增加了快慢机，并刻上“R”和“N”字样，分别代表全自动和半自动。这便是在中国影响很大的毛瑟M1932式手枪。因该枪出厂时编号712，所以又称712式手枪。

德国

毛瑟HSc手枪

毛瑟HSc式袖珍手枪是一个全新的设计，流线型的外观使其具有强大的视觉冲击感。尽管其外形、重量较大，但由于它采用7.65毫米口径手枪弹，威力大，因此评价很高。

保险装置

MAUSER Hsc

服役时间：1937年
口径：7.65毫米
全枪长：152毫米
全枪重：0.596千克
容弹量：8发

毛瑟 HSc 的改进型mod.90 手枪

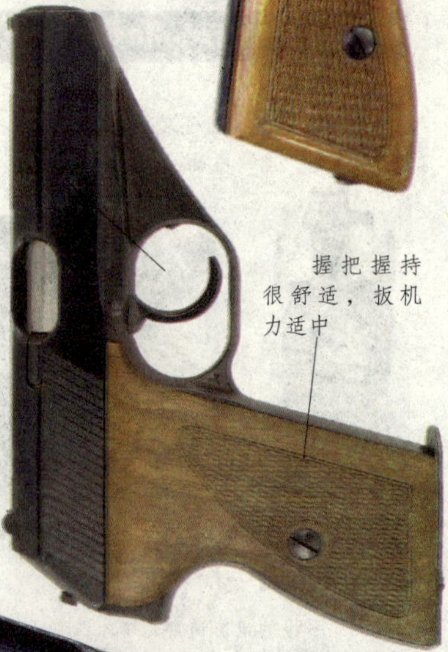

握把握持很舒适，扳机力适中

击锤几乎完全隐藏在套筒里，露出部分刚好使射手能用拇指使其待击

表面光洁

HSc袖珍手枪可以说是一支真正的袖珍手枪，从口袋中快速出枪时决不会有勾挂现象发生。

比利时

F.N. Five-seveN@手枪

FN公司的Five-seveN@半自动手枪，是为了推广SS190弹应运而生的。为了减轻重量又保证强度的要求，手枪套筒采用钢——塑料复合结构，支架用钢板冲压成形，击针室用机械加工，固定在支架上，外覆高强度工程塑料，表面经过磷化处理。

F.N. Five-seveN@

生产时间：1998年
口径：5.7毫米
全枪长：207.5毫米
全枪重：0.618千克
容弹量：20发

套筒左侧标有序列号

FN标志

Five-seveN@配用的SS190弹

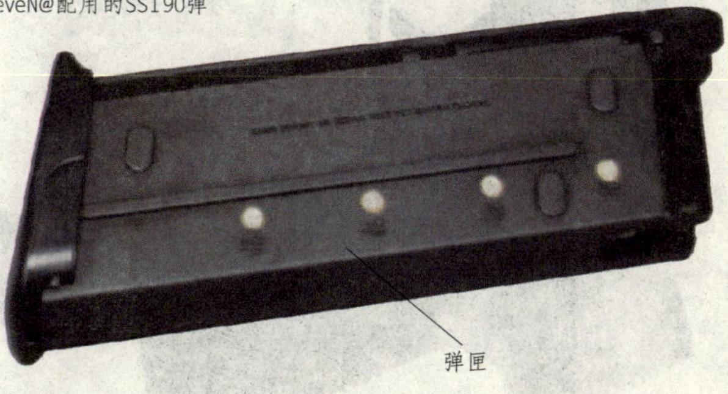

弹匣

力大无比

Five-seveN@手枪在使用军用SS190子弹时，可以轻而易举地穿透三级、四级甚至五级防护能力防弹背心。

巴西

陶鲁斯自动手枪

1995年，陶鲁斯推出了第一种0.45英寸ACP自动手枪Pt－945。陶鲁斯试图通过这种手枪向外界表示：陶鲁斯将逐步摆脱与伯莱塔不分彼此的设计款式。

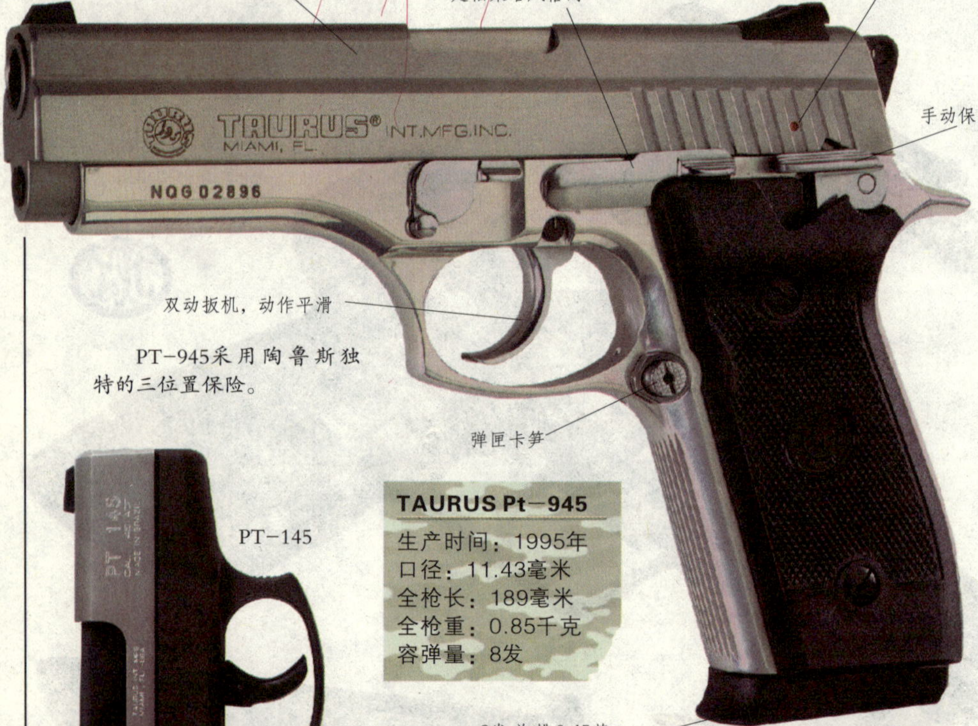

PT-945采用陶鲁斯独特的三位置保险。

TAURUS Pt—945

生产时间：1995年
口径：11.43毫米
全枪长：189毫米
全枪重：0.85千克
容弹量：8发

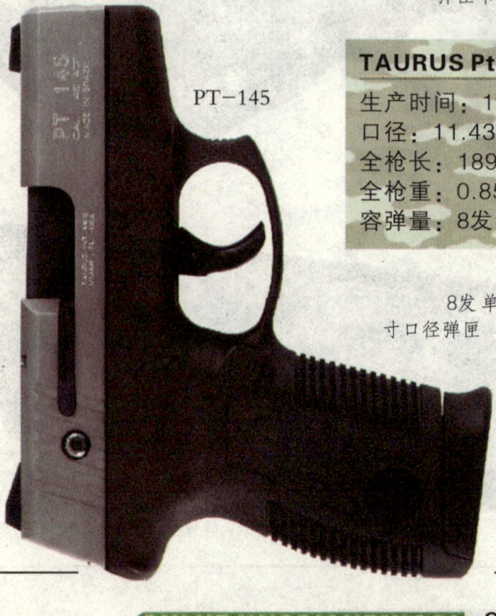

PT—145

PT—940

中国

54式军用警用手枪

54式7.62毫米手枪是中国生产和装备量最大的手枪。它虽是前苏联TT-1930/1933式手枪的仿制品，但非常成功。从1954年定型以来，至今仍装备部队。

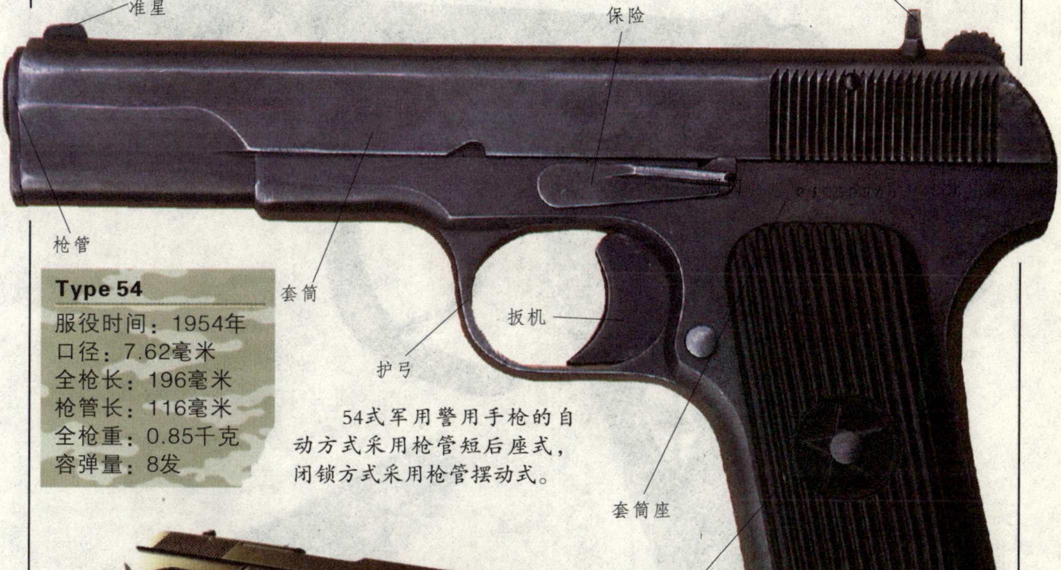

Type 54

服役时间：1954年
口径：7.62毫米
全枪长：196毫米
枪管长：116毫米
全枪重：0.85千克
容弹量：8发

54式军用警用手枪的自动方式采用枪管短后座式，闭锁方式采用枪管摆动式。

54式手枪的缺点是射程短、射击精度差、火力弱，作战时威 力不足。

长盛不衰

作为新中国成立后在人民军队中列装的第一种手枪，54式手枪具有体积小、重量轻、携带方便、受地形环境制约小、反应快等特点，40多年来深受基层官兵的喜爱。

中国 64式

64式手枪是中国第一种完全国产化的军用手枪，于1964年设计定型。该枪不仅开创了国产化手枪的先河，也深受高级指战员的喜爱。

64式手枪尺寸小，手掌较大的人握枪、扣扳机时手感不够好。

Type 64

服役时间：1964年
口径：7.62毫米
全枪长：222毫米
枪管长：95毫米
全枪重：0.56千克
容弹量：7发

64式手枪

"将军手枪"

64式手枪的特点是小巧轻便、外形美观、结构紧凑、可靠性好、射击精度高，便于隐藏携带且易于保养。常被作为中国高级指挥员和外交世界用枪，甚至是作为礼品赠与国外要人，因此也有"将军手枪"之称。

中国
77式手枪

77式7.62毫米手枪是我国自行研制的第二种手枪，于1977年定型。该枪设计独特、外形美观、结构简单、使用方便，能单手装填射击，因此深受部队官兵的青睐。

77式改进型NP20手枪

77式手枪

Type-77

服役时间：1977年
口径：7.62毫米
全枪长：149毫米
全枪重：500克
容弹量：7发

77式手枪投产以来虽然进行了重大改进，但仍无法解决部队强烈要求在手枪结构上必须具备“空仓挂机”、防偶发保险机构以提高安全性、可靠性的问题。

77-1式手枪

开创先例

77式的独特之处在于单手装填机构，这一设计在国外手枪设计中尚无先例。它可用单手迅速完成装填枪弹和瞎火排弹，有安全保险和到位保险功能，是目前国内比较先进的手枪。

中国
92式手枪

中国的92式手枪包括9毫米手枪和5.8毫米手枪两种。这两种枪外形相似，内部结构也有很多相同之处，因此被称为中国手枪的“姊妹花”。

Type 92

口径：9毫米
全枪长：190毫米
全枪重：0.76千克
容弹量：15发

入围世界十大名手枪

在福布斯评选的世界十大名手枪中，中国的92式9毫米手枪赫然位列其中。

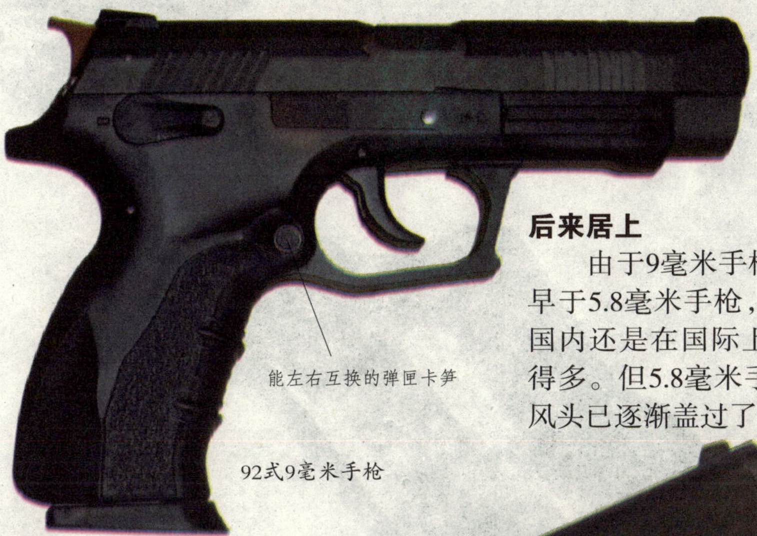

92式9毫米手枪

后来居上

由于9毫米手枪的装备时间要早于5.8毫米手枪，所以无论是在国内还是在国际上，其名气都大得多。但5.8毫米手枪后来居上，风头已逐渐盖过了9毫米手枪。

QSZ92式5.8毫米

先进设计

92式手枪设计精巧，可将零散的零件组合成部件或组件，既方便使用，又方便维护保养。

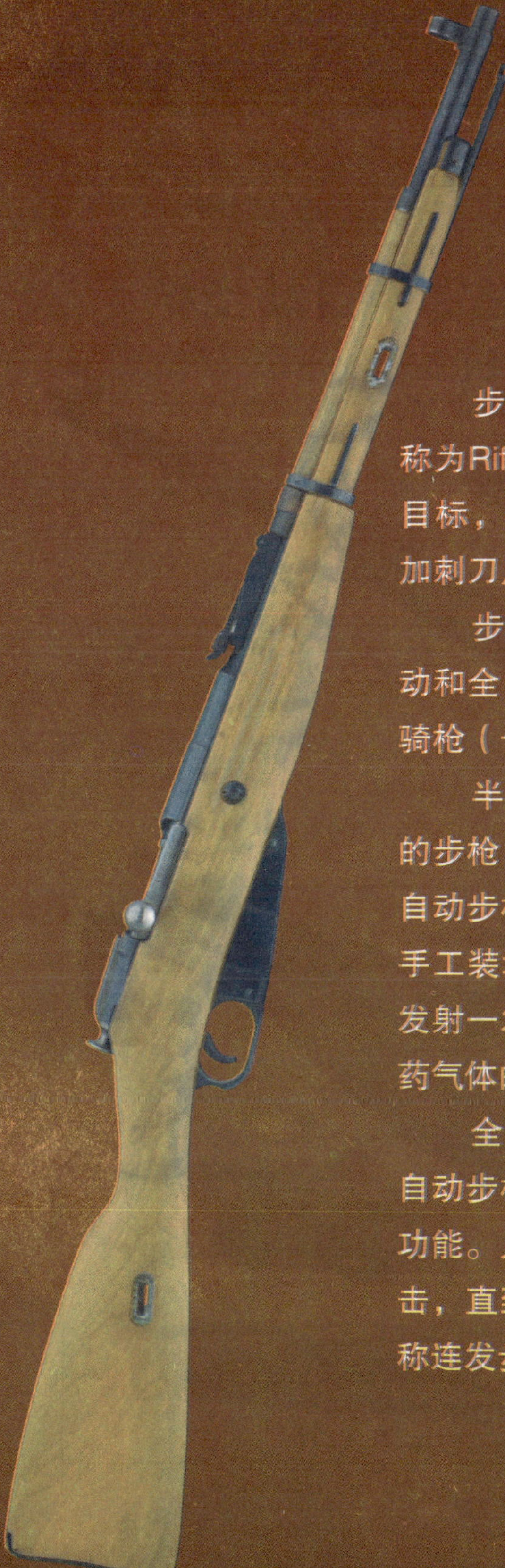

步枪

步枪是单兵使用的长管枪械。英文名称为Rifle，主要用于发射枪弹，杀伤有生目标，有效射程300～400米、还可以装加刺刀用于格斗。

步枪按自动化程度分为非自动、半自动和全自动步枪。按用途分为普通步枪、骑枪（卡宾枪）、突击步枪和狙击步枪。

半自动步枪是一种子弹自动装填上膛的步枪，也称为自动装弹步枪。它不像非自动步枪那样打一枪拉一次枪栓，只需要手工装填第一发子弹，每扣一次扳机，就发射一发枪弹，而退壳和重新装填是靠火药气体的能量自动完成的。

全自动步枪简称为自动步枪，有些全自动步枪兼具半自动射击和定长点射射击功能。只要扣动扳机不放，就可以连续射击，直到弹夹内的子弹全部打光，所以又称连发步枪。

美国

斯普林菲尔德M1伽兰德半自动步枪

M1伽兰德步枪是第二次世界大战中最著名的半自动步枪，除了M1卡宾枪外，它是美国在二战中产量最高的轻武器。第二次世界大战和朝鲜战争的实战表明，M1步枪是最好的战斗步枪之一。

M1 Garand

生产时间：1936年
口径：7.62毫米
全枪长：1103毫米
空枪重：4.37千克
容弹量：8发

M1采用导气式自动原理，枪机回转闭锁方式

名副其实

在美国人的心目中，M1伽兰德是一把无可取代的步枪，它在设计、金属锻造、胡桃木的造型等方面无一不被称颂。加上二战胜利的光芒，M1步枪几乎成了20世纪最有名的步枪。

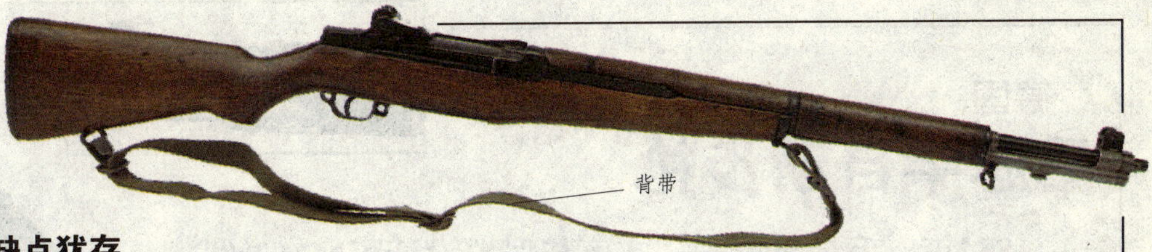

缺点犹存

M1伽兰德也有少数负面的评价，诸如枪支过重、容弹量少，甚至簧片式弹夹清脆的声响也会让射击者成为致命的目标。

从1936年至1957年，全世界共生产M1步枪近1000万支

M1伽兰德步枪后视图

M1伽兰德步枪前视图

M1卡宾枪

在第二次世界大战中，M1卡宾枪是美国使用最广泛的武器之一。它是枪械史上第一种按照公认的卡宾枪定义专门设计及大量生产的卡宾枪。

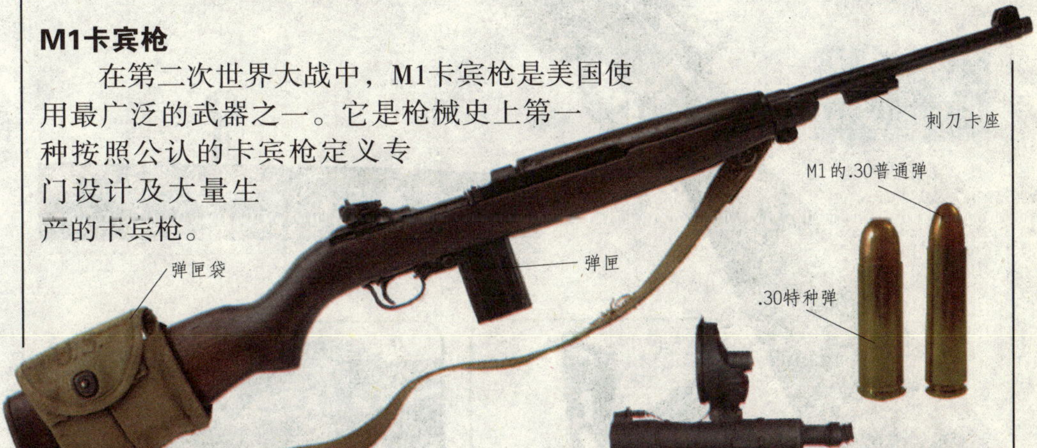

M1卡宾枪配有草绿色的帆布枪带，在枪托上可以附加两个弹匣袋，以便在枪身上携带两个备用弹匣。

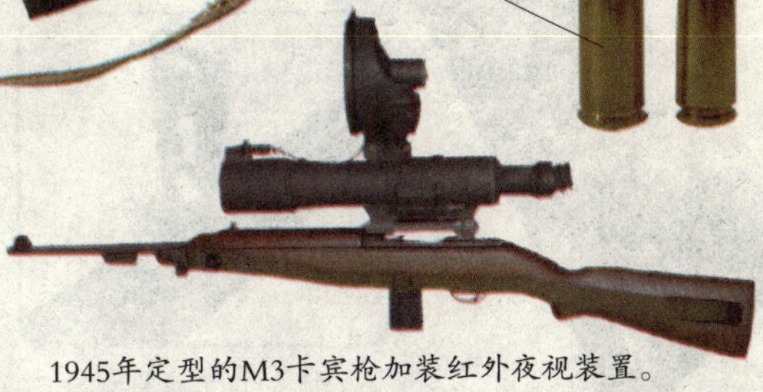

1945年定型的M3卡宾枪加装红外夜视装置。

德国

毛瑟半自动步枪

1884年，毛瑟兄弟——威廉与保罗设计了M71/84式半自动步枪。这是欧洲第一支设计得非常成功的发射金属弹壳枪弹的机柄式步枪，为近代步枪的产生奠定了基础。

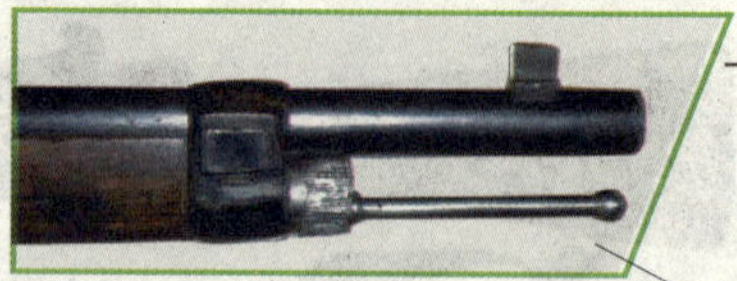

枪口及通条

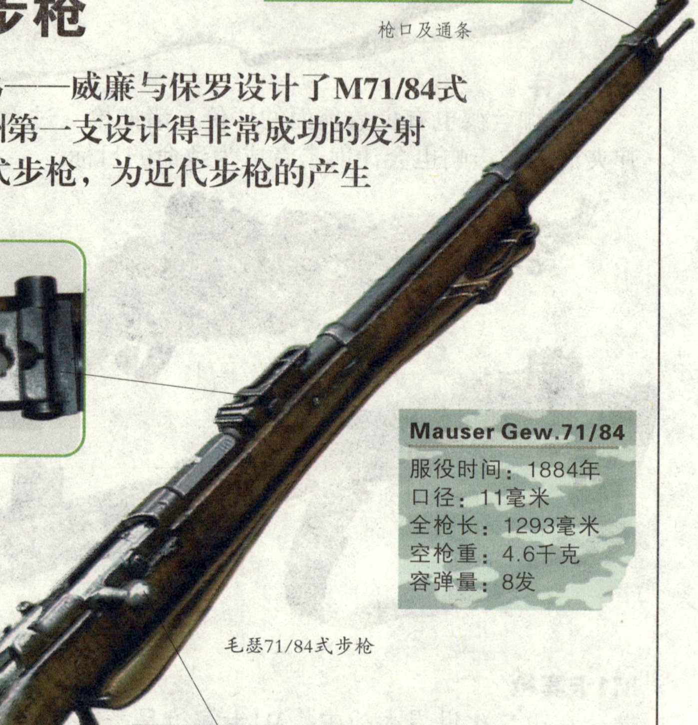

毛瑟71/84式步枪

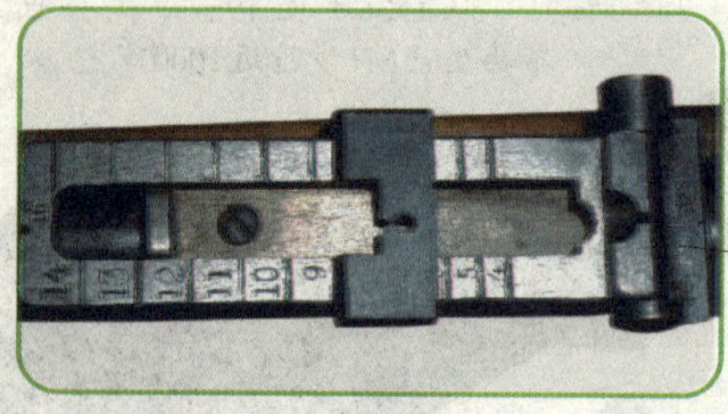

标尺

机匣上的标记

机匣上的皇家兵工厂标记

护弓

Mauser Gew.71/84

服役时间：1884年
口径：11毫米
全枪长：1293毫米
空枪重：4.6千克
容弹量：8发

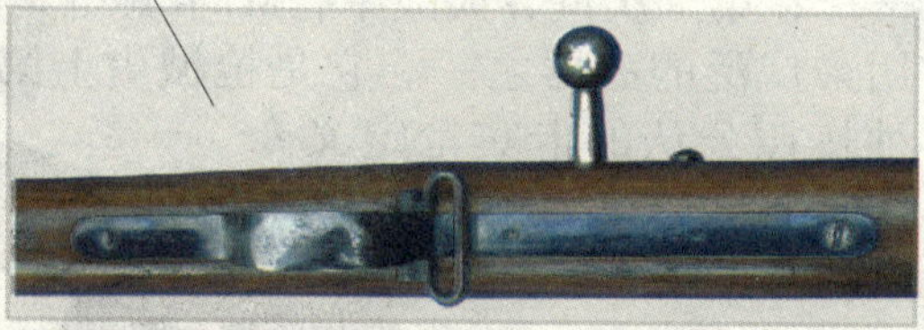

弹仓底板

滑动式表尺板竖起

滑动式表尺板放直时的状态

经典之作

毛瑟Gew.98是枪械历史上的经典之作。在两次世界大战中证明了它的高可靠性。世界各国仿造者不计其数，大部分手动步枪几乎都是根据它的闭锁机构改进的。

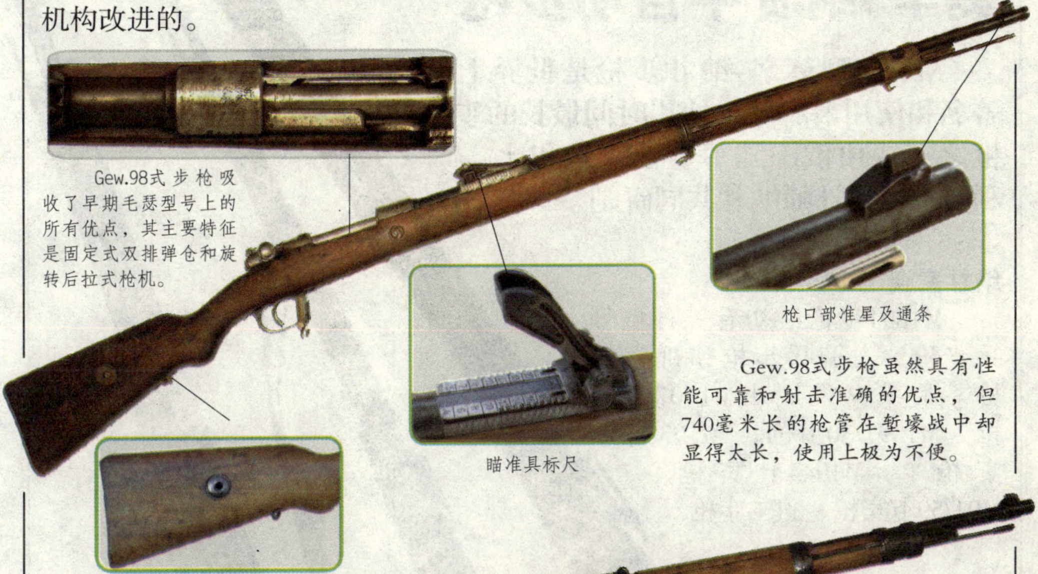

Gew.98式步枪吸收了早期毛瑟型号上的所有优点，其主要特征是固定式双排弹仓和旋转后拉式枪机。

枪口部准星及通条

瞄准具标尺

Gew.98式步枪虽然具有性能可靠和射击准确的优点，但740毫米长的枪管在堑壕战中却显得太长，使用上极为不便。

枪托右侧有一块圆片改成一个金属圆孔，是用来分解枪机的。

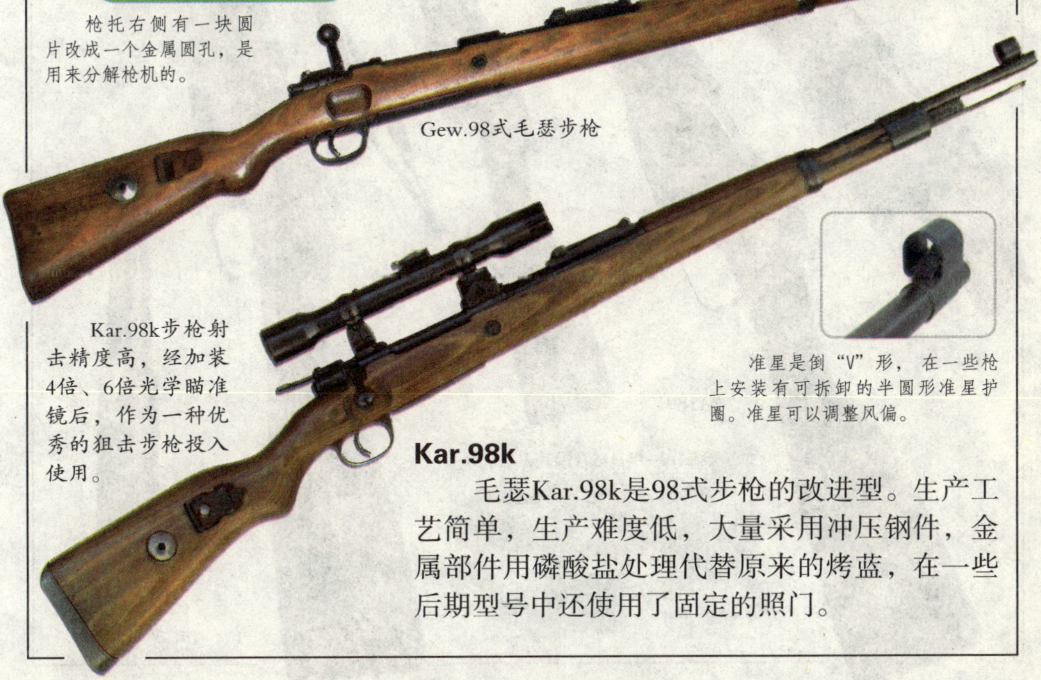

Gew.98式毛瑟步枪

Kar.98k步枪射击精度高，经加装4倍、6倍光学瞄准镜后，作为一种优秀的狙击步枪投入使用。

准星是倒“V”形，在一些枪上安装有可拆卸的半圆形准星护圈。准星可以调整风偏。

Kar.98k

毛瑟Kar.98k是98式步枪的改进型。生产工艺简单，生产难度低，大量采用冲压钢件，金属部件用磷酸盐处理代替原来的烤蓝，在一些后期型号中还使用了固定的照门。

俄国
莫辛-纳甘半自动步枪

M1891型莫辛-纳甘步枪是世界上最著名和使用最广泛、使用时间最长的步枪之一，由俄国陆军上校莫辛和比利时枪械设计师纳甘共同研制。

纳甘家族

M1891步枪最初有三种型号：步兵步枪、龙骑兵步枪和哥萨克步枪。后来又发展出M1907卡宾枪、M1891/30步枪、M1938卡宾枪、M1944卡宾枪、M91/59卡宾枪、狙击步枪。

采用下弯拉机柄

M1891

M1907卡宾枪

MOSIN-NAGANT M1891

生产时间：1891-1928年
口径：7.62毫米
全枪长：1306毫米
空枪重：4.22千克
容弹量：10发

7.62×54毫米莫辛-纳甘步枪弹

M1938

M1938卡宾枪是M1891/30步枪的一种缩短型，全枪长度与M1907卡宾枪相同，也没有配备刺刀。

M1938卡宾枪从1939年至1945年间生产，直到被M1944卡宾枪所取代。

M1938卡宾枪

M1891/30

M1944卡宾枪

M91/59卡宾枪准星

M91/59卡宾枪

M1944卡宾枪

M1944卡宾枪简称M44。M1944卡宾枪把折叠刺刀设计成四棱刺，像个巨大的十字螺丝起子，安装在枪口座的侧面。53式骑枪就是中国仿制的M1944卡宾枪。

英国

李-恩菲尔德步枪

李-恩菲尔德步枪采用开创性的旋转后拉式枪机，使得步枪的装填速度很快，它的10发可卸式弹匣比同时代步枪多了一倍的弹容量，这令它成为20世纪实际射速最快的手动步枪。

Mark I

Mark I步枪采用8发单排弹匣供弹，可以极大地提高射击速度。

Mk.II

Mk.II步枪的一项变化是改用10发双排弹匣。此后，10发双排弹匣一直成为李氏步枪的标准配置。

MLM MARK I

服役时间：1888年
口径：7.7毫米
全枪长：1257毫米
空枪重：4.19千克
容弹量：10发

Mk.I的8发单排弹匣（左图）与Mk.II的10发双排弹匣（右图）比较，明显Mk.I的稍长。

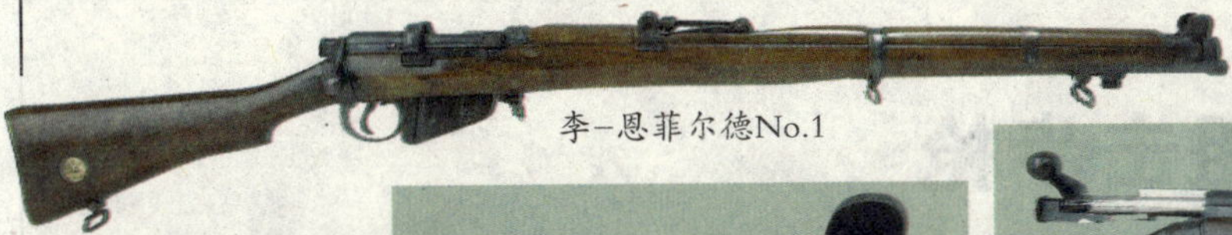

李-恩菲尔德No.1

李-恩菲尔德No.1

李-恩菲尔德No.1~ No.3

1926年，英国兵工部门感到他们的武器命名方式太混乱，因而决定采用新命名方式。于是将原有的7.7毫米口径李-恩菲尔德短步枪统一命名为No.1步枪，而.22口径的李-恩菲尔德训练短步枪则被命名为No.2步枪。

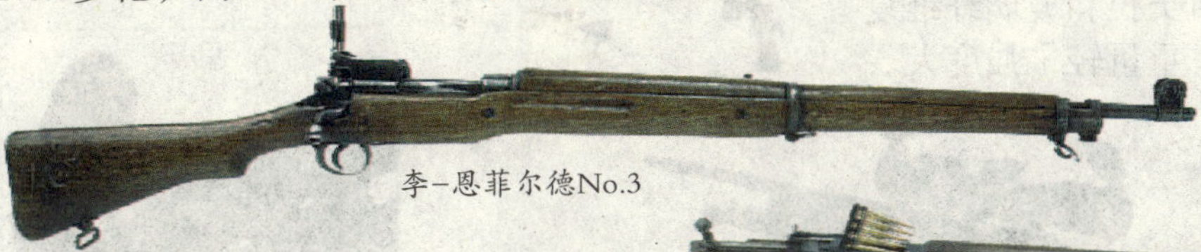

李-恩菲尔德No.3

李-恩菲尔德No.4

在1931年对No.1 Mk.VI稍加改进后重新命名为No.4 Mk.I。二战爆发时，英军在1939年11月正式采用No.4 Mk.I为新的制式步枪。

李-恩菲尔德No.4

李-恩菲尔德No.5

1944年，一种较短较轻的No.4缩短型正式被定型为李-恩菲尔德No.5，俗称“丛林卡宾枪”。该枪的外形与No.4步枪基本相同，不同的是其枪管较短。

李-恩菲尔德No.5前视图

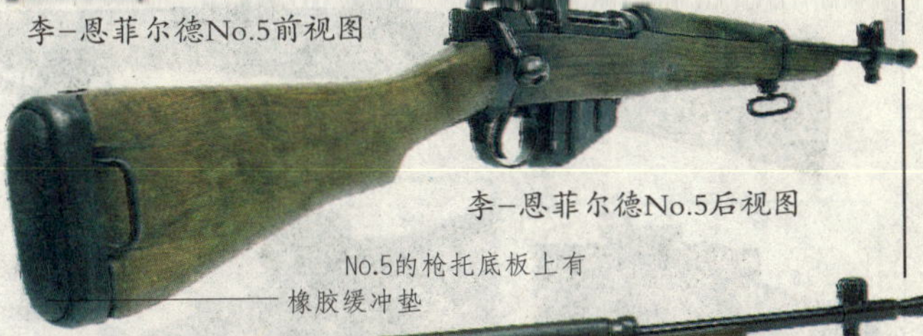

李-恩菲尔德No.5后视图

No.5的枪托底板上有橡胶缓冲垫

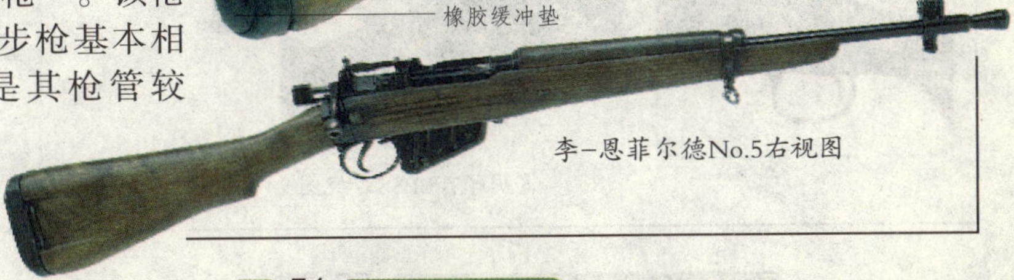

李-恩菲尔德No.5右视图

美国

雷明顿狙击步枪

雷明顿狙击步枪以其精确性和威力受到称赞。其浮置枪管、极敏感的扳机及严格制造公差下生产的优质枪管，使雷明顿如其广告词所称的那样：它是世界上最强大的旋转后拉式枪机步枪。

700PSS

700PSS（Police Sharp Shooter）警用枪是雷明顿公司为执法机构设计的。该枪枪托为凯芙拉和玻璃纤维复合材料，重量轻，强度大。

雷明顿700PSS左视图

雷明顿700PSS步枪

Remington Model 700PSS

口径：5.56毫米
全枪长：1150毫米
空枪重：5.49千克
容弹量：5发

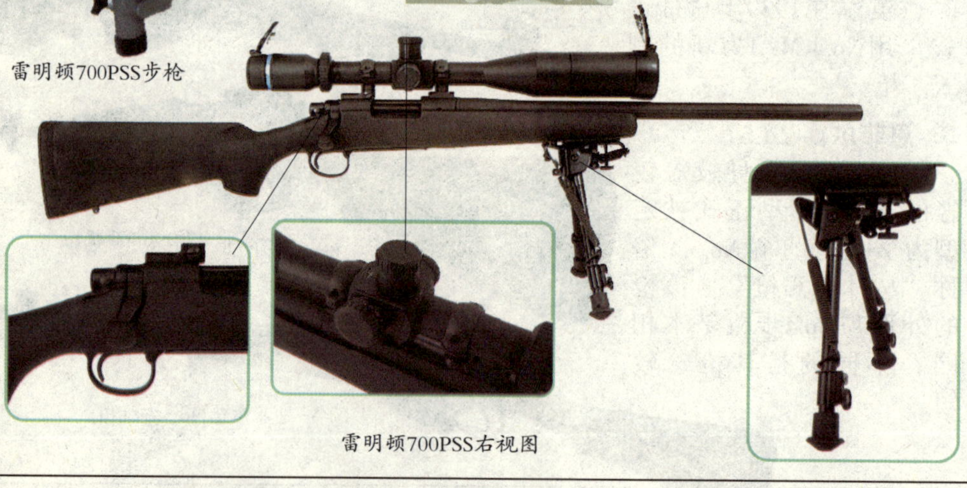

雷明顿700PSS右视图

M40A1

在M40步枪的基础上改进而成的M40A1是一种很精确的武器，被美国人认为是现代狙击步枪的先驱。该枪发射M118特种弹头比赛弹，最大有效射程为800米，但海军陆战队称其最大有效射程为915米。

被称为冷战“绿色枪王”的M40A1狙击步枪装备在美国海军陆战队，在多次局部战争中频频露脸。

M40A3

M40A3采用新的瞄准镜座和护木，枪托为麦克米兰A4枪托，可以调节枪托底板长度和贴腮板高度，发射改良的M118LR（远距离）弹。现在，M40A3正逐步替代M40A1。

M40A3狙击步枪

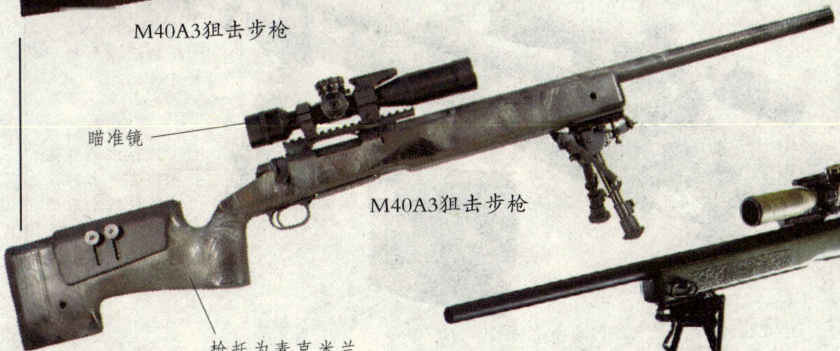

M40A3狙击步枪

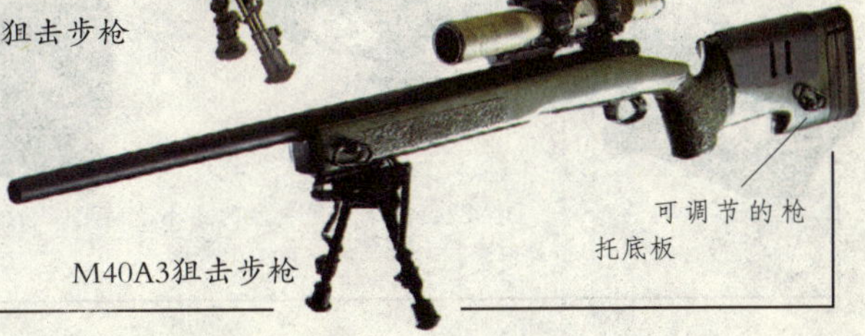

M40A3狙击步枪

美国
巴雷特狙击步枪

巴雷特M82A1是当今使用最广泛的大口径狙击步枪（反器材步枪）之一，居于0.50英寸口径狙击步枪市场的统治地位。目前已装备英国、法国、比利时、意大利等30多个国家的军队或警察部队。

M82A1

生产时间：1983年
口径：12.7毫米
全枪长：1549毫米
空枪重：12.9千克
容弹量：11发

佩劳德 Payload

“佩劳德”步枪是M82A1的最新改型，它的口径更大：25毫米。虽然称作步枪，但实际上是一种可供单兵携带和战斗的半自动榴弹发射器。

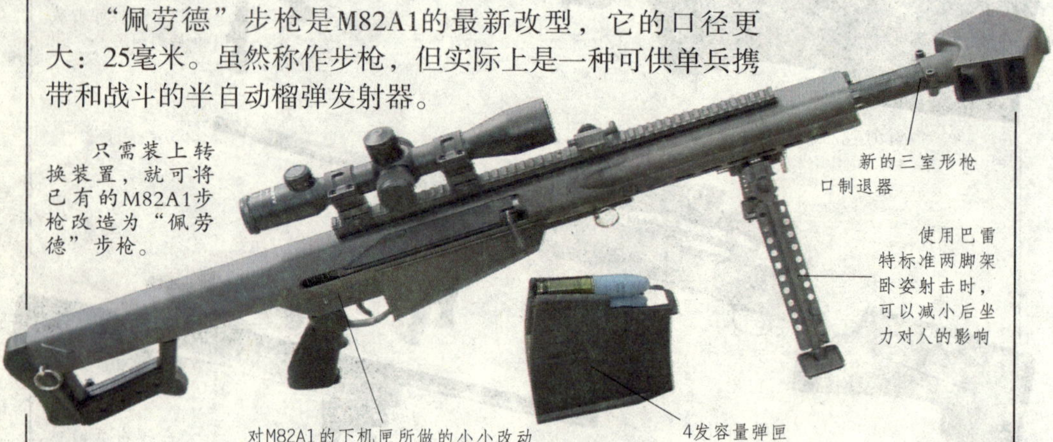

Xm107

美国陆军的M82A1M SASR（Special Application Sniper Rifles，特种用途狙击步枪）正式命名为XM107，能提高陆军狙击小组的远程打击能力。

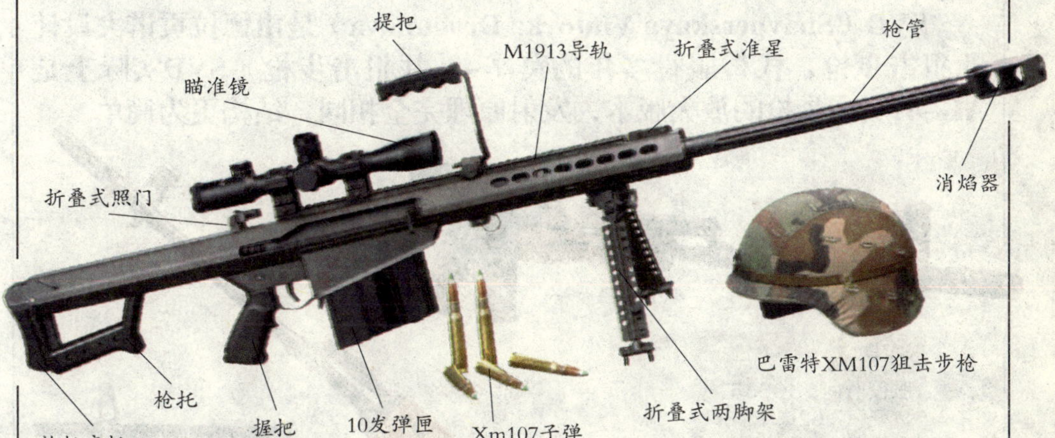

巴雷特XM107狙击步枪

M82A1 CQ

M82A1 CQ是M82A1M的短枪管型，是为了适应城市战的环境及机械化部队和空降部队携带而改进的。

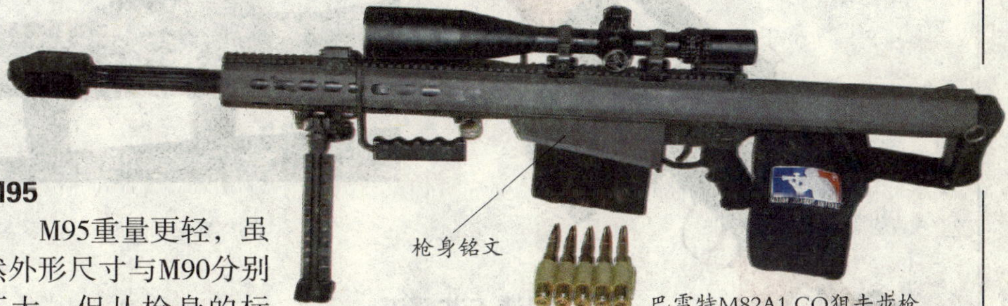

巴雷特M82A1 CQ狙击步枪

M95

M95重量更轻，虽然外形尺寸与M90分别不大，但从枪身的标记和抛壳口的形状上，还是能明确分辨出来的。

巴雷特M95狙击步枪

苏联/俄罗斯

德拉贡诺夫狙击步枪

SVD（Snayperskaya Vintovka Dragunova）是由德拉贡诺夫设计的狙击步枪，代替服役多年的莫辛-纳甘狙击步枪。SVD实际上是AK-47突击步枪的放大版本，发射原理完全相同，结构更为简单。

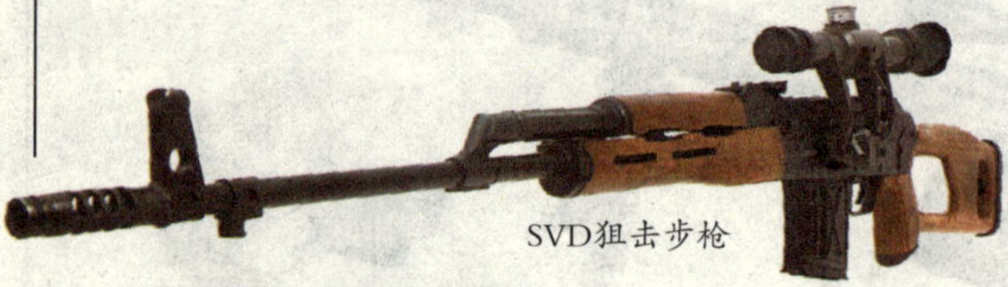

SVD狙击步枪

SVD	
服役时间：	1963年
口径：	7.62毫米
全枪长：	1225毫米
空枪重：	3.7千克
容弹量：	10发

SVD狙击步枪

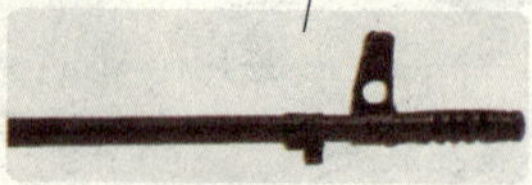

枪口前端瓣形消焰器

Pn58夜视瞄准镜

制造工艺精湛

SVD的制造工艺比较复杂，重量很轻，但在同级狙击枪中精度相当高。一名美国陆军狙击手说："在今天的术语中，SVD不算是一种真正意义上的狙击步枪，但它被设计、制造得出奇的好，是一种极好的延伸射程的班组武器。"

SVDS

SVD与SVDS有70%的零件可以互换，但在外形上SVD与SVDS有许多不同：SVDS有折叠枪托，枪管比较短，具有漏斗形的枪口装置及水滴形的泄气孔，机匣下有手枪形握把，采用玻璃纤维增强塑料制成的护木。

SVDS可使用伸缩式两脚架

SVDS狙击步枪

SVDK

SVDK是在SVDS的基础上研制的一种新步枪，发射新型的9毫米口径穿甲弹。在外形上，SVDK的枪管较SVDS的枪管细，消焰器是重新设计的。另外，弹匣形状和尺寸也不相同。

SVDK狙击步枪

英国

AI G22狙击步枪

德国人严谨细致的作风造就了无数精密枪械，但英国人也毫不逊色。英国AI公司生产的G22（德军制式名称）狙击步枪在1千米范围内的首发命中率达到90%，能在100米内穿透20毫米的装甲钢板。

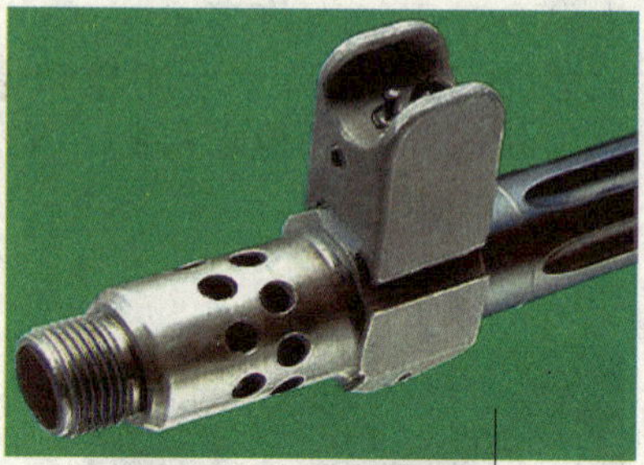

多功能枪口装置，后部为准星座，中部为枪口制退器，前部为安装消声器用的螺纹

G22

G22

生产时间：1998年
口径：7.62毫米
全枪长：1245毫米
空枪重：6.6千克
容弹量：5发

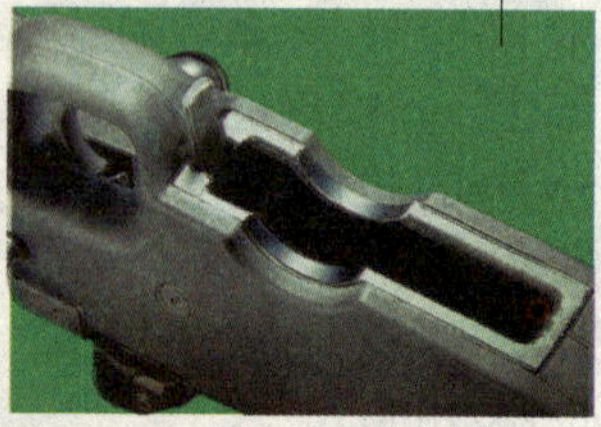

弹匣入口

AWM-F

改进

G22是在AWM-F的基础上做了一些改动，包括可调整的枪托和贴腮板，并在前托上增加一个安装夜视仪的基座，用于在标准的光学瞄准镜前安装夜视光学仪器。这些正是G22与AWM-F在外观上的识别标志。

英国

AI AS50狙击步枪

AS50 12.7毫米半自动狙击步枪是由AI公司专门为美军特种部队设计的的反器材/远程狙击步枪。该枪在2005年1月的美国拉斯维加斯枪展上首次亮相。

As50

生产时间：2005年
口径：12.7毫米
全枪长：1369毫米
空枪重：14.1千克
容弹量：5发

折叠式的两脚架能快速拆卸，腿架长度可调，两脚架位于步枪重心前方，能迅速地转移目标。

12.7毫米子弹。据说AS50的散布精度小于1.5 MOA

AS50可分解成两部分，便于携带或存放

机匣顶部有全长的皮卡汀尼导轨，能装上任何通用的瞄准装置

可拉伸的肩托

手动挂机装置，可以让枪机维持在打开状态

背带环

保险杆

握把的式样保持了美军士兵所熟悉的M16的风格

容弹量5发的盒形弹匣

后握把不使用时可以折叠，也可以作为后脚撑，使瞄准射击更稳定

扳机为两道火，扣力从1.5~2.0kg（3.3~4.41b）可调

保险锁，用于避免分解步枪时把保险杆误拨于“射击”位置

中国

M99狙击步枪

M99是一款性能先进、用途广泛、精度高、射程远、重量轻、结构新颖、性能可靠、易维护的大口径半自动狙击步枪。M99的这些优势得益于它融合了世界上同类武器的精华。

外形特点

M99的外形似乎与英国AI公司的AS50有血缘关系，实际差异很大。M99的机匣看上去比AS50要厚实，但重量要轻2千克。不足之处是M99式全枪尺寸稍长，不能折叠携带，重量还需减轻。

精心研制的高效膛口制退器减少了射击时的大部分后坐力，其有效制退率高达80%。

M99

口径：12.7毫米
全枪长：1480毫米
空枪重：12千克
容弹量：5发

M99狙击步枪

射击精度

在100米处，M99的RSO(50%的枪弹散布范围)密集度小于2.2厘米，和美国的M82处于同一水平。在风速为4米／秒时，M99对1000米处目标射击能命中半径为0.5米的圆；对1500米处目标能命中半径为2.5米的圆；射击2500米处的目标，能命中半径为5米的圆。

M99的机匣用航空铝合金制成，内外表面采用阳极氧化后并静电喷塑，具有良好的耐磨、耐烧蚀等特点。

折叠了枪托的G36K

德国

H&K G36突击步枪

1993年9月，德国陆军选择HK50作为新的制式装备，并同时将其命名为军方编号G36，用于取代使用了35年之久的G3步枪。

HK G36

生产时间：1995年
口径：5.56毫米
全枪长：998毫米
空枪重：3.43千克
容弹量：30发

G36标准型

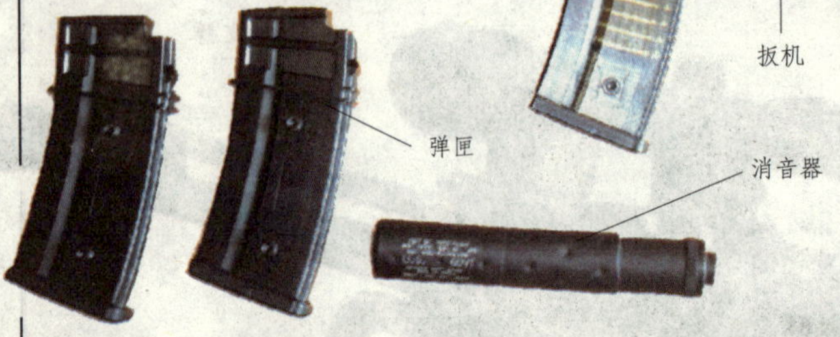

G36子弹初速为920米/秒。配有带像增强器的光学瞄准镜，是它的一个外观识别特征。

G36K采用了与标准型G36不同的消焰器以抑制枪口火焰。

G36的家族

G36由于采用了新的设计，使生产成本和维修成本都明显降低，仅850美元的价格就比G3便宜多了，而且G36的射击精度和可靠性都比G3好。它连续发射2.5万发子弹，没有出现过一次卡壳之类的故障。G36的家族主要有5个成员：G36标准型、G36K短突击步枪、G36C紧凑型突击步枪、MG36轻机枪和民用型的SL8运动步枪。

G36标准型

G36C 是G36的紧凑型，“短”和“轻”就是它的最大特点。

MG36与G36的区别只有三点：加厚的重型枪管、C-MAG弹鼓和两脚架。弹鼓和脚架在两种枪上可以通用。

SL8运动步枪

G36E

G36的出口型通常以编号后面加“E”表示，如G36E、G36KE和MG36E等。G36E没有G36步枪的标准双瞄具，只有一个1.5倍的望远式瞄准镜。

G36E

德国

H&K Xm8突击步枪

Hk公司研制的Xm8本质上是将Xm29武器系统的5.56毫米步枪部分通过模块化组合成为单个机构，使其可以根据不同的任务需要和作战地域，转换成不同的枪型或发射不同口径的弹药。

Xm8

服役时间：1996年
口径：5.56毫米
全枪长：845.8毫米
空枪重：2.9千克
容弹量：10/30/100发

Xm8可根据士兵的偏好或战场形势使用左手或右手灵活射击。

美观实用

Xm8突击步枪虽然重量轻，但非常坚固耐用。功能集成、武器模块化、通用性强，可降低士兵的作战负荷，提高机动作战能力。

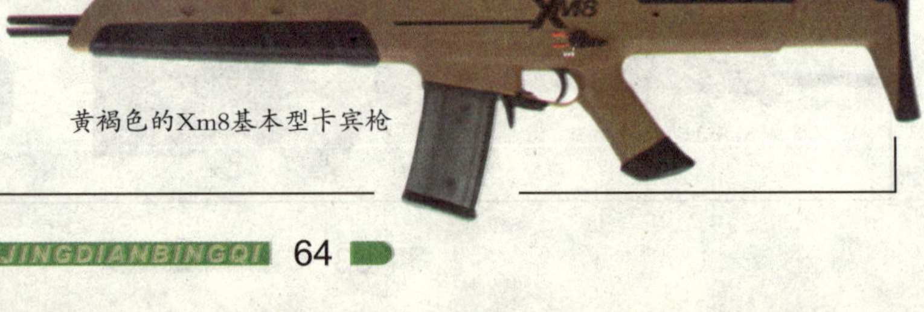

黄褐色的Xm8基本型卡宾枪

Xm8冷锻的枪管有20000发的使用寿命，服役寿命很长。

“变色龙”

高强度的聚合物材料非常坚固，而且可以生产成不同的颜色，有适用于丛林战环境的绿色、沙漠环境的黄褐色和城市环境的亚黑色三种，将来还打算生产极地环境的白色和城市环境中的深蓝色。

12.5英寸（枪管）的紧凑型

下挂40毫米榴弹发射器的Xm8

Xm8基本型卡宾枪的分解图

9英寸(枪管)的Xm8

通用性强

Xm8有4种变型，可根据需要在几分钟内变换枪管和其他组件。

20英寸(枪管)的Xm8

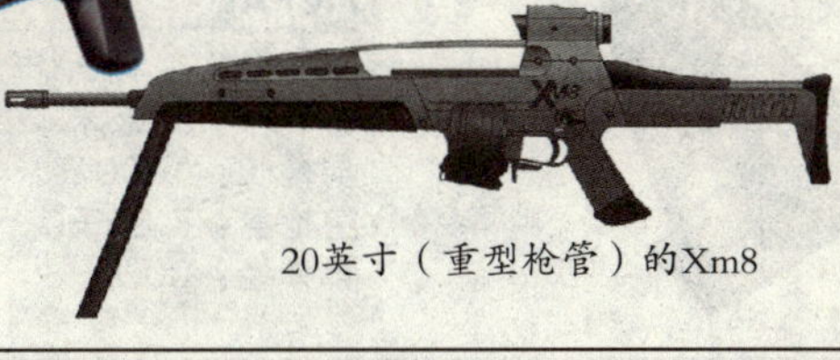

20英寸（重型枪管）的Xm8

比利时

F.N. FAL突击步枪

FAL出自枪械设计师塞弗之手。塞弗的机构设计与前苏联的托卡列夫半自动步枪很接近。FAL很快就被列为比利时军队制式步枪，后又被其他国家所采用。

在1960年代至1970年代，FAL自动步枪是西方雇佣兵爱用的武器之一，因此被美国的雇佣兵杂志誉为“二十世纪最伟大的雇佣兵武器之一”。

FN FAL

生产时间：1953年
口径：7.62毫米
全枪长：1090毫米
空枪重：7.25千克
容弹量：20发

金属护木上有纵向凸筋

StG.58独特的枪口装置，可以把铁丝卡在开槽内用实弹冲断

护木下面整合有轻型两脚架

坚固结实

FN FAL的枪机容纳部是利用切削加工制造的，即使是发射了大量的子弹，也不会有变形的现象发生。

奥地利陆军采用FAL为制式武器，命名为StG.58

折叠枪托的FAL PARA伞兵型步枪

由于枪管较长，有利于远射，因此在半自动射击的模式之下，FN FAL的命中率是相当高的。

两款美国DSA公司生产的FAL突击步枪SA58

以色列的轻机枪型FN FALO，该型步枪是为增强火力而设计的。

比利时
F.N. F2000突击步枪

5.56毫米口径的F2000突击步枪整体为无托结构，大量采用聚合物部件，外表光滑，呈流线型，结构紧凑。FN公司在设计阶段就考虑到未来特种作战的需要，将模块化思想贯穿到这个新产品的开发当中。

F2000采用电子调速/点射控制器，以实现对点射长度和射击频率的有效控制。

枪托部分与整个武器的外形协调一致，浑然一体，而且野外分解相当简单

F2000

服役时间：2000年
口径：5.56毫米
全枪长：694毫米
空枪重：3.5千克
容弹量：30发

以人为本

F2000独特的向前抛壳法既不会对射手视线产生影响，还解决了以往无托步枪弹壳抛出时偶尔伤及射手脸部的问题。

密封性好

F2000闭锁系统的强度及可靠性均较高，并保证没有火药燃气进入弹膛区域，灰尘和其他一些细碎物也不可能进入武器内部。

独具美感

F2000采用模块化组件设计，尤其以实现武器的多种用途。造型设计也处处充满了新意，那带一定弧度和曲线的设计更是给枪增加了美感。

比利时

F.N. SCAR突击步枪

比利时FN赫斯塔尔美国分公司（FNH）应美国特种作战司令（USSOCOM）的要求，设计了一款现代步枪SCAR（SOF Combat Assault Rifle），这是一种特种部队战斗突击步枪。

FN SCAR-L
服役时间：2004年
口径：5.56毫米
全枪长：850毫米
空枪重：3.5千克
容弹量：30发

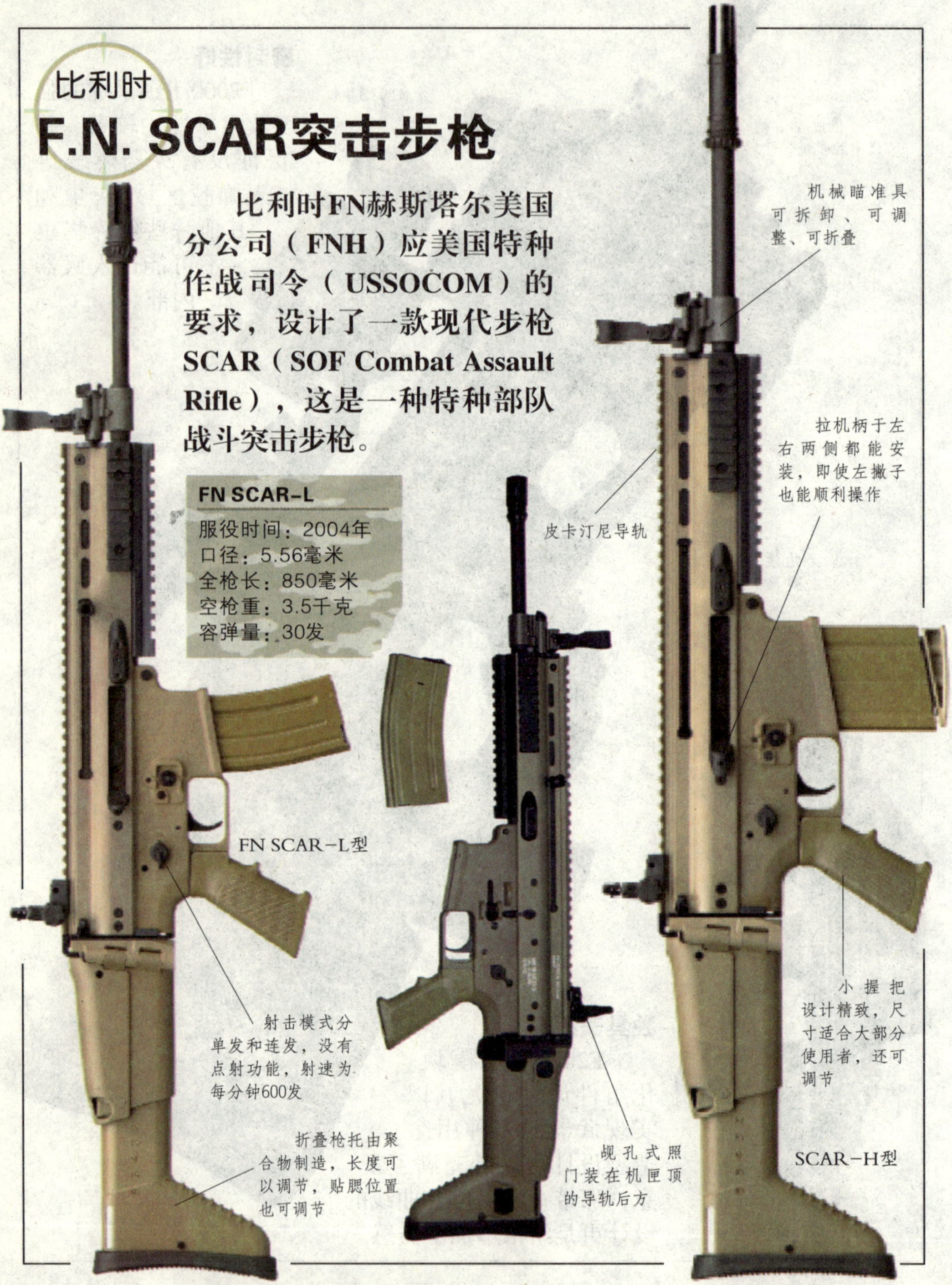

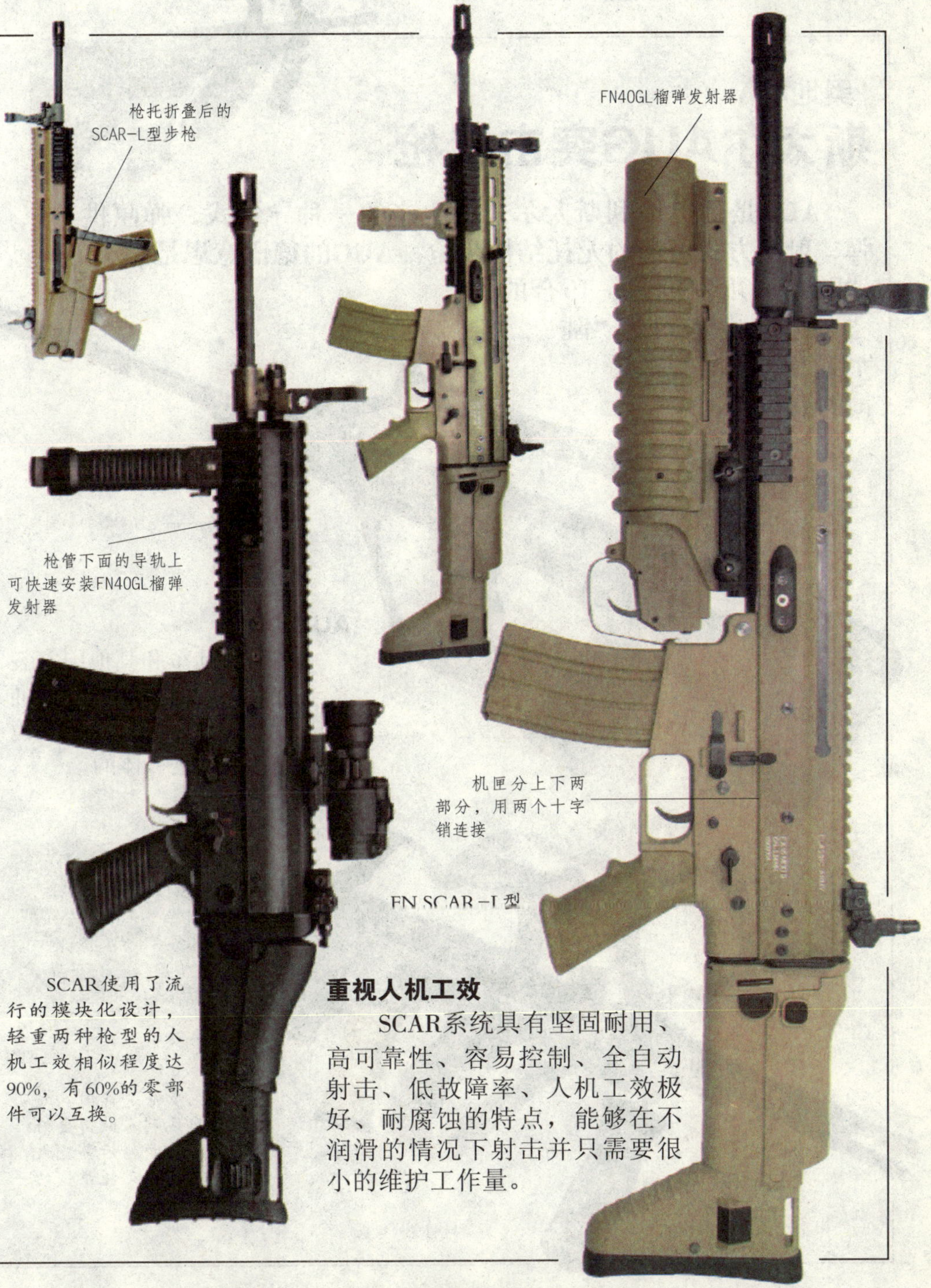

FN SCAR-L型

SCAR使用了流行的模块化设计，轻重两种枪型的人机工效相似程度达90%，有60%的零部件可以互换。

重视人机工效

SCAR系统具有坚固耐用、高可靠性、容易控制、全自动射击、低故障率、人机工效极好、耐腐蚀的特点，能够在不润滑的情况下射击并只需要很小的维护工作量。

奥地利
斯太尔AUG突击步枪

AUG是由奥地利斯太尔公司生产的一种导气式、弹匣供弹、射击方式可选的无托结构步枪。AUG的德语意思是“陆军通用步枪”，巧合的是“AUG”也是英文“陆军通用步枪”一词的缩写。

AUG-A1

奥地利陆军和其他国家装备的AUG-A1是AUG的标准型，枪管长508毫米，瞄准镜兼提把与机匣是一体的。

Steyr AUG-A1
生产时间：1978年
口径：5.56毫米
全枪长：790毫米
空枪重：3.85千克
容弹量：30发

AUG-A1前视图

无托步枪是英国人发明的，但奥地利人做得更好。他们的AUG步枪后部宽大，这是它与其他无托步枪的一个明显区别。

AUG-A2

改进型AUG-A2保持了AUG的主要优点，突出的改进是机匣和瞄具可分离，机匣左侧增加了可折叠的滑板，以减少枪落地摔裂的危险。显示屏不会切断现场，射手可双眼睁着瞄准，显示图像大，利于快速捕捉目标。

AUG-A2

AUG-A3

主要是增加了皮卡汀尼导轨，此外还采用了新设计的榴弹发射器，可以用扣步枪扳机的手指直接扣动榴弹发射器的扳机。

挂有榴弹发射器的AUG-A3

AUG果酱色的外观透出柔美，因此女兵们喜欢使用它。空枪仅3.4千克，双手握持抵肩射击时感觉非常舒服，而且能很快掌握单手持枪自动射击。

安装两脚架的AUG-A3

果酱色的AUG-A3

英国

恩菲尔德L85A1突击步枪

20世纪70年代初英国恩菲尔德兵工厂开始研制4.85毫米单兵武器。1985年10月，英国军队正式接收第一批5.56毫米小口径步枪，称为恩菲尔德SA80式，后来正式命名为L85A1式5.56毫米单兵武器。

SA80 IW突击步枪

L85A2突击步枪

L85A1

服役时间：1985年
口径：5.56毫米
全枪长：785毫米
空枪重：3.8千克
容弹量：30发

维护繁琐

由于SA80枪族需要精心保养，因此每把枪都配备了一整套多功能维护工具，为了搞清楚工具的使用方法，英国士兵不得不经常随身带上工具使用手册。

L85A2突击步枪

L85A2

H&K公司改进后的SA80枪族有步兵型（IW）L85A2和轻型支援武器（LSW）L86A2两种。

L85A1突击步枪大量采用冲压—焊接结合工艺，仅枪机、机框和枪管是由常规机加而成的。

L85A1突击步枪

SA80-L22A1式卡宾枪

美国

柯尔特M16突击步枪

M16被称为是开创小口径化先河的步枪，已历时近40年。这期间无论人们对它褒贬如何，其魅力仍然经久不衰。直到现在，M16及其改型枪仍然在50多个国家中被广泛使用。

M16的机框表面光滑

5.56毫米M16步枪是世界上第一种装备部队并参加实战的小口径步枪。

三叉形消焰器容易进入异物或卡住细枝和树叶，不适合丛林环境

M16

鸟笼形消焰器

机框右侧表面加工有多道凹齿,便于与枪机辅助闭锁装置。

经过改进的M16A1因严格控制生产工艺，从而具有良好的可靠性。

枪机打开

机匣左侧的枪身铭文

M16

服役时间：1962年
口径：5.56毫米
全枪长：990毫米
空枪重：3.1千克
容弹量：20/30发

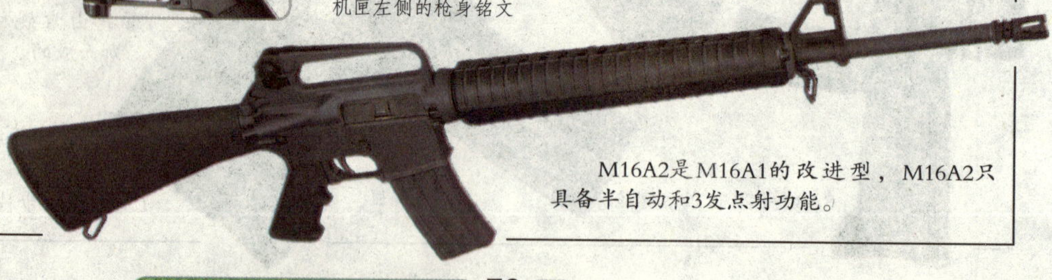

M16A2是M16A1的改进型，M16A2只具备半自动和3发点射功能。

M16枪族

M16便于大批生产，成本低，有利于枪支弹药的后勤供应和保障，适应了部队装备通用化、系列化要求，因而深受青睐。M16枪族包括：M16、M16A1、M16A2、M16A3、M16A4。

机匣为平顶式

M16A3是M16A2的全自动衍生型，因此它的扳机组与M16A1的一样，但采用平顶型上机匣。

皮卡汀尼导轨可安装瞄准设备或可拆卸提把

枪机有特富龙润滑涂层，以提供可靠性

固定式枪托后部可装擦拭工具

M16A4

M16A4与M4A1结构相似，许多部件通用。它是将枪械作为一个模块，火控系统作为一个模块来设计的。虽然瞄具采用了许多新技术，但枪械本身改进不多。

可挂40毫米M203榴弹发射器

美国

斯通纳SR25突击步枪

尤金·斯通纳和小李德·奈特合作设计了斯通纳SR25式7.62毫米步枪，它是M16式5.56毫米步枪的变型枪。SR25射击极其精确，试验表明：在100米距离以上，它的射弹散布可小于19毫米。

斯通纳SR25

SR25K

SR25斯通纳步枪中的"S"表示"Stoner"，"R"则是"Rifle"，而"25"则是AR-10加AR-15得出的，因为SR-25是将AR-10和AR-15成功结合在一起的产品。

Sr25

生产时间：1992年
口径：7.62毫米
全枪长：1175毫米
空枪重：4.88千克
容弹量：10/20发

酷似M16

SR25式7.62毫米步枪的基本结构与M16式步枪相似，有60%的零部件来自M16式步枪，主要是扳机、小握把、枪托等。为提高射击精度，适于使用7.62毫米枪弹。

Mk.11 Mod 0

SR25的改进型—— Mk.11 Mod 0狙击武器系统是20世纪90年代末由美国海军定型。

Mk.11 Mod 0狙击步枪

Mk.11 Mod 0狙击步枪

SPR NOD1步枪

Mk.12 Mod 0/1

美国海军的Mk.12 Mod 0/1特种用途步枪（Special Purpose Rifle，简称SPR）。SPR计划是为美国陆军和海军的特种部队提供一种有效射程比M4式卡宾枪远、长度比标准的M16A2/A4短的轻型狙击步枪。

SPR NOD2步枪

美国

柯尔特M4卡宾枪

有“卡宾枪王者”之称的M4式（又称M720式）5.56毫米卡宾枪是M16A2式自动步枪的轻量型和缩短型。该枪现正在生产并装备美国陆军和海军陆战队及加拿大、阿联酋等国。

M4
服役时间：1984年
口径：5.56毫米
全枪长：840毫米
空枪重：2.54千克
容弹量：20/30发

M4和M16A2非常相似，事实上它们有80%的零件可以互换。

M4卡宾枪首次参加实战是在1991年海湾战争的“沙漠盾牌”和“沙漠风暴”期间被第82空降师使用。

M4A1

在M4装备部队后，柯尔特又设计了一种用皮卡汀尼导轨代替固定提把的平顶型机匣，方便安装模块化的瞄准装置，并把采用这种装置的M4命名为“美国5.56毫米北大西洋公约组织口径M4A1卡宾枪”。

消声器

瞄准具座可安装红外夜视仪、激光测距仪、电视摄像机和数字化罗盘。

M4/M4A1因为其良好的射程、准确性和紧凑的结构使其在美军中广受欢迎。

M4 MWS

皮卡汀尼导轨

采用平顶机匣

M4 MWS分解图

M4E2

配备KAC M4 RAS护木的柯尔特925型卡宾枪经过测试后被定型为M4E2。美国陆军野战手册中把安装RAS的M4系列称为模块化武器系统（Modular Weapon System），故简称M4 MWS。

皮卡汀尼导轨

战术灯

M203式40毫米榴弹发射器

苏联

AK-47突击步枪

AK-47

AK-47突击步枪由苏联著名枪械大师卡拉什尼科夫设计，是20世纪人类武装力量的象征之一。AK-47因其性能可靠、使用方便、价格低廉而风靡世界，它是苏联和华约各国的制式装备。

准星为半包式两侧护翼

导气管

AK-47（第1型）

服役时间：1949年
口径：7.62毫米
全枪长：870毫米
枪管长：415毫米
空枪重：4.3千克
容弹量：30发

可装30发子弹的弧形弹匣

在机匣的右侧设计有保险、快慢机柄

AK-47

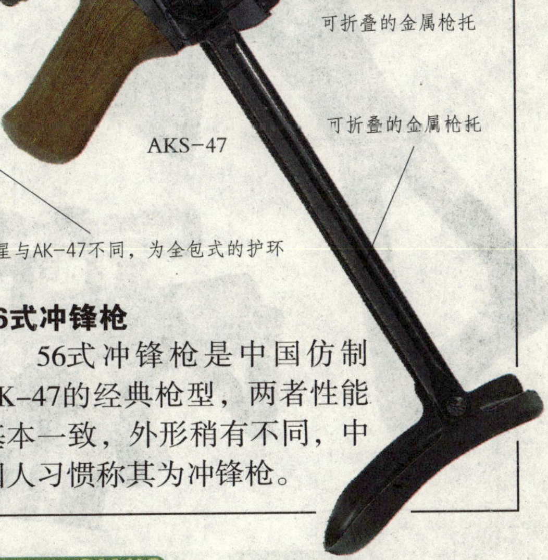

AKS-47

折叠枪托的轻型AKS-47是为伞兵部队研制的。

AKS-47右侧

AKS-47后视图

弹匣用钢或轻金属制成，不管在什么气候条件下都可以互换

可折叠的金属枪托

AKS-47分解图

AKS-47

可折叠的金属枪托

准星与AK-47不同，为全包式的护环

中国仿制AKS的56-1式折叠枪托冲锋枪

56式冲锋枪

56式冲锋枪是中国仿制AK-47的经典枪型，两者性能基本一致，外形稍有不同，中国人习惯称其为冲锋枪。

瑞士

辛格SG550/551突击步枪

SG550/551系列突击步枪大量采用工程塑料，从而降低了枪的重量。透明弹匣两侧附有弹匣联接卡笋，使多个弹匣不需附加其他装置就可以很方便地并联在一起。

SIG Sg550

生产时间：1986年
口径：5.56毫米
全枪长：998毫米
空枪重：4.1千克
容弹量：5/20/30发

SG551

SG551-1P

SG551-1P是一支为执法机构的武装部队提供300米距离上延伸火力的突击步枪。

SIG SG551-1P

SIG SG550

SIG SG551-LB SWAT

SIG SG551

SIG SG552 SWAT

SG551-SWAT

SG551-SWAT是 SG551-1P的改进型，与SG551-1P相比，在外观上SG551-SWAT最大的改变就是护木换成黑色的，并恢复了SG550的刺刀座，用于安装两脚架。

SG551-SWAT

SG552

SG552突击队员是SIG公司最新的突击步枪，也是最短的一种，比起SG551系列，SG552的枪管进一步缩短，并把质心后移以方便控制、提高射击精度。扳机护圈可向左右两侧折叠，戴手套也可操作。

加装了数个弹匣的SG552

SG552-2 SP

中国

56式自动步枪

56式7.62毫米自动步枪是苏联大名鼎鼎AK–47型自动步枪的仿制品。于1956年生产定型。56式是中国生产和装备量最大的自动步枪，至今仍在装备部队。

56式步枪广泛地出口至其他第三世界国家，被称为中国AK。

Type56

生产时间：1956年
口径：7.62毫米
全枪长：1100毫米(枪刺打开)
全枪重：4.03千克
容弹量：30发

1963年推出的仿制AKS的56–1式折叠枪托向下折叠。

56–1式的特写

优良性能

56式自动步枪和AK–47一样性能可靠，采用枪机回转式闭锁方式，活塞长行程自动原理。操作简便，易于训练和维修。

中国

79/85式狙击步枪

79式7.62毫米狙击步枪是中国第一种狙击步枪。它仿制于苏联SVD狙击步枪。1979年定型，1981年试产并装备部队供步兵狙击手使用。后来该枪在1985年正式生产定型，并重新命名为85式狙击步枪。

79/85式狙击步枪采用导气式自动方式

79/85式狙击步枪

生产时间：1979年
口径：7.62毫米
全枪长：1368毫米（带刺刀）
全枪重：3.8千克

SVD的仿制品

由于79/85式狙击步枪是仿制SVD的，其结构原理及战术性能等各方面都与SVD基本相同。但79/85式采用的是通用53式7.62毫米机枪弹，并未采用专用的高精度狙击弹，因此在精度表现方面与SVD略有差距。

79/85式狙击步枪分解图

中国

95式突击步枪

中国95式5.58毫米突击步枪采用无托结构、导气式自动方式、机头回转式闭锁、弹匣供弹，具有重量轻、设计紧凑、精度良好和可靠性高等特点。

95式

口径：5.58毫米
全枪长：609毫米
空枪重：2.9千克
容弹量：30发

95式5.58毫米突击步枪

97式自动步枪分解图

95式变身

1999年，95式步枪的外贸型——97式5.58毫米突击步枪面世。该枪族发射北约5.56毫米 NATO弹。整枪和95式基本没什么大的区别，只是95式弹匣弧度大于97式。

97式狙击步枪

97式狙击步枪整体外观保留了97式枪族的基本特点，内部机构设计是在卡拉什尼科夫突击步枪的基础上进行了一些中国式的改进，巧妙地采用无托结构，将机匣组合到枪托内，并在弹匣前方设置了握把。

F
S

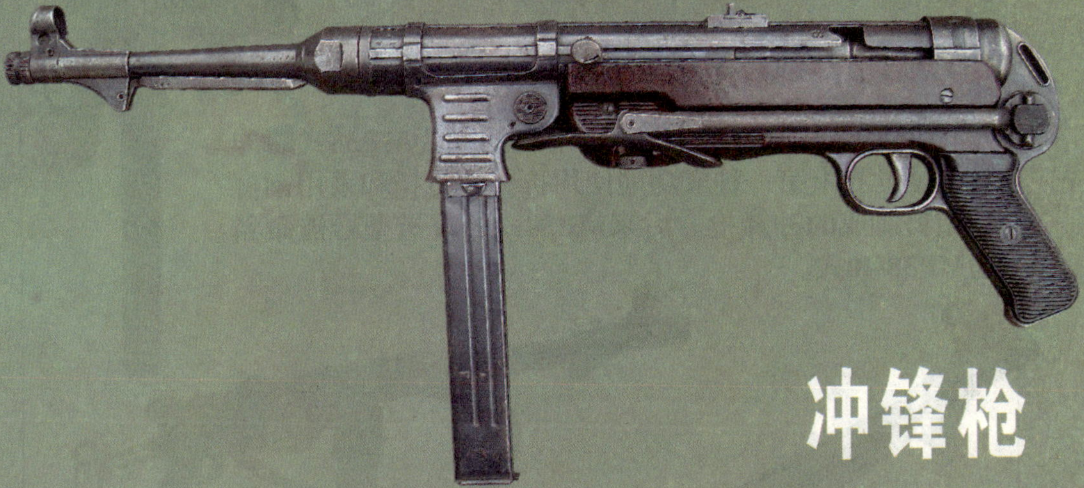

冲锋枪

冲锋枪通常指的是单兵双手握持发射手枪弹的轻型全自动枪。比步枪短小轻便，便于突然开火，具有较高的射速，火力猛烈，适于近战和冲锋时使用，在200米内有良好的杀伤威力。

冲锋枪自诞生以来，一直是受许多国家的军队所青睐的单兵武器，在两次世界大战中均发挥了重要作用。冲锋枪的基本特点可概括为：体积小，重量轻，灵活轻便，携弹量大，火力猛烈，尤其是在山岳丛林、阵地堑壕、城市巷战等短兵相接的战斗中，具有良好的作战效能。但由于冲锋枪枪弹威力较小，有效射程较近，射击精度较差，加之步、冲合一的突击步枪的问世，第二次世界大战后，其战术地位逐步下降。目前除了微型、轻型、微声冲锋枪仍有生命力以外，常规冲锋枪出现了被小口径突击步枪所取代的趋势。

德国

MP38/40冲锋枪

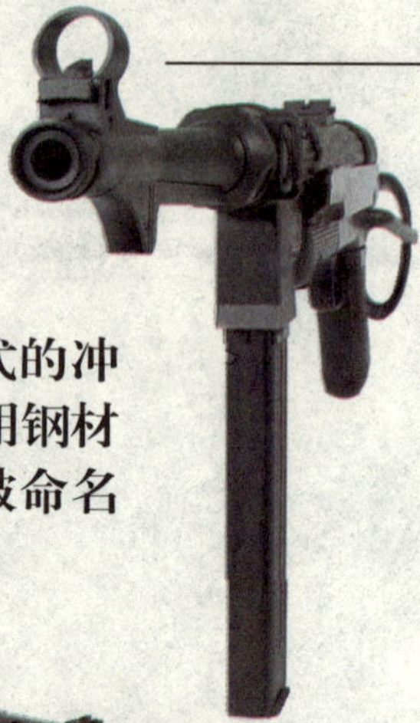

1938年德国埃尔马兵工厂生产的名为MP38式的冲锋枪是世界上第一种成功地使用折叠式枪托和采用钢材与塑料制成的冲锋枪。后来MP38式的改进型号被命名为MP38/40式。

MP38/40

生产时间：1938年
口径：9毫米
全枪长：833毫米
空枪重：4.027千克
容弹量：32发

物美价廉

因MP40式大量采用冲、焊、铆工艺制造组件，具有良好的加工经济性和零件互换性。在1940 — 1944年间，该枪共生产了约100万把。直到20世纪60年代，仍有一些国家在使用MP40。

MP38/40式9毫米冲锋枪弹匣包及压弹器

枪身短小

MP40的枪托折叠以后全枪仅长62厘米，这非常适合于装甲兵。对伞兵和山地部队来说，MP40短小精干，火力猛烈，非常适合伞降部队使用。

射击精度高

由于后坐力很小，MP40在有效射程内的射击非常精确，在持续射击中的精度更是无与伦比。

MP5A3

德国

H&K MP5系列冲锋枪

现代冲锋枪的经典之作当属德国MP5系列冲锋枪，它完美的将冲锋枪的可靠性、可控性和火力浓缩到一起。自诞生以来，其优良的性能已经博得众多国家特种部队的青睐，是公认的世界名枪。

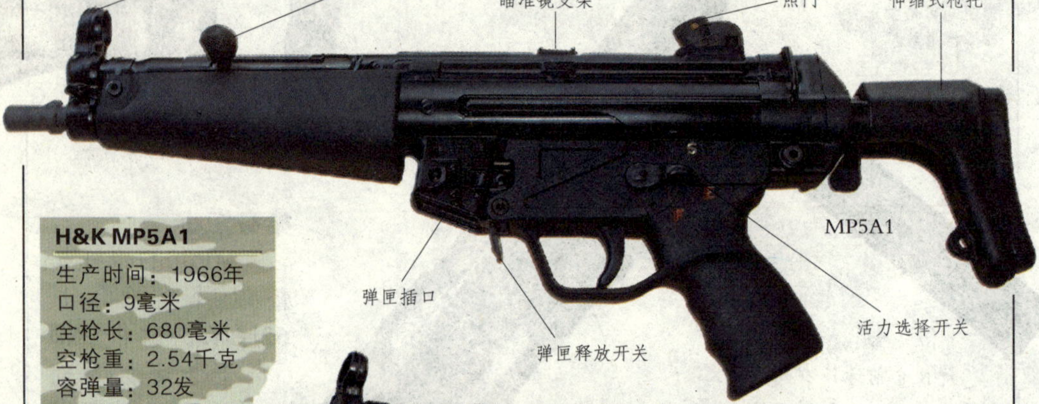

MP5A1

H&K MP5A1

生产时间：1966年
口径：9毫米
全枪长：680毫米
空枪重：2.54千克
容弹量：32发

MP5A2

MP5A4

MP5A5

MP5N

MP5N是以MP5A2、A3为基础，进行了防海水腐蚀处理，枪口可选用消焰器或湿式消声器的改进型。

UMP45

UMP45是MP5冲锋枪的“新生代”，它的研制应用了G36的一些设计，这两款枪不仅外形相似，而且操作规程也相同。

UMP45的自动方式不再是MP5的传统的半自由枪机式，而是采用自由式枪机，闭膛待击。

德国

H&K MP7冲锋枪

MP7冲锋枪在轻武器市场上可谓大红大紫，先后出口17个国家，销售量直线上升。它被称为单兵自卫武器，美军决定列装MP7冲锋枪的最终改进型MP7A1冲锋枪。

H&K MP7

服役时间：2001年
口径：4.6毫米
全枪长：380毫米
空枪重：1.6千克
容弹量：20/40发

前方小握把可折叠，其内侧有可移动的卡销。不需要小握把时，把它折叠到枪管下面；使用时，向后拉卡销，小握把便自动弹起。

快慢机有3个位置：单发、连发和保险。

MP7A1

MP7与MP7A1在外观上的明显区别是：MP7A1的机匣稍长，但为了维持全枪长度不变，因此，枪托底板的尺寸明显被缩小了。

德国

瓦尔特MPL/MPK冲锋枪

德国卡尔·瓦尔特武器制造厂研制生产的MP冲锋枪有长枪管型MPL和短枪管型MPK。这两款枪的内部结构完全相同，现已停止生产。

WALTHER MPL/MPK

生产时间：1963年
口径：9毫米
全枪长：749/659毫米
空枪重：3/2.8千克
容弹量：32发

WALTHER MPK冲锋枪

名称的由来

瓦尔特MPL和MPK冲锋枪是在1963年定型和投产的，至1987年停产。MP是德文“冲锋枪”（Maschinenpistole）的缩写。MP枪族有两种型号，分别为枪管较长的MPL（Maschinenpistole Lang即“长冲锋枪”）和MPK（Maschinenpistole Kurz即“短冲锋枪”）。

WALTHER MPK冲锋枪

WALTHER MPL冲锋枪

优秀的冲锋枪

虽然MPL/MPK在1972年7月德国慕尼黑奥运会的恐怖事件中营救人质失败，致使名誉一落千丈，但MPL和MPK其实是一种很优秀的冲锋枪。它的部分零部件用厚钢板冲压件制成，结构简单，轻巧便携，射击精度良好，动作可靠。

WALTHER MPL冲锋枪

MPL和专用的皮质枪套

WALTHER MPK冲锋枪

M1928A1冲锋枪

美国

汤普森冲锋枪

美国汤普森冲锋枪最早生产的是M1921型。有趣的是，最先大规模使用“汤普森”冲锋枪的不是美军，而是美国的黑社会，他们还给该枪起了个滑稽的外号——“芝加哥打字机”。

汤普森M1928冲锋枪

M1928A1冲锋枪

枪口消焰器

汤普森“M1928”型冲锋枪是当时“汤普森”家族中性能最优秀的枪型。该枪的威力大、火力猛，但缺点是结构复杂，质量较大，不便于保养。

汤普森M1A1冲锋枪

M1A1冲锋枪分解图

从M1到M1A1

与前期各型比，M1去除了多余的装饰，摒弃了弹鼓，以使其更易于生产、使用和保养。后又进一步改进，命名为MlAl。该型号改进了枪机系统，采用了固定的击针和击锤。

M3A1冲锋枪右视图

M3

M3在二战中全面替代汤普森M1，到战争结束，共有60多万支问世。

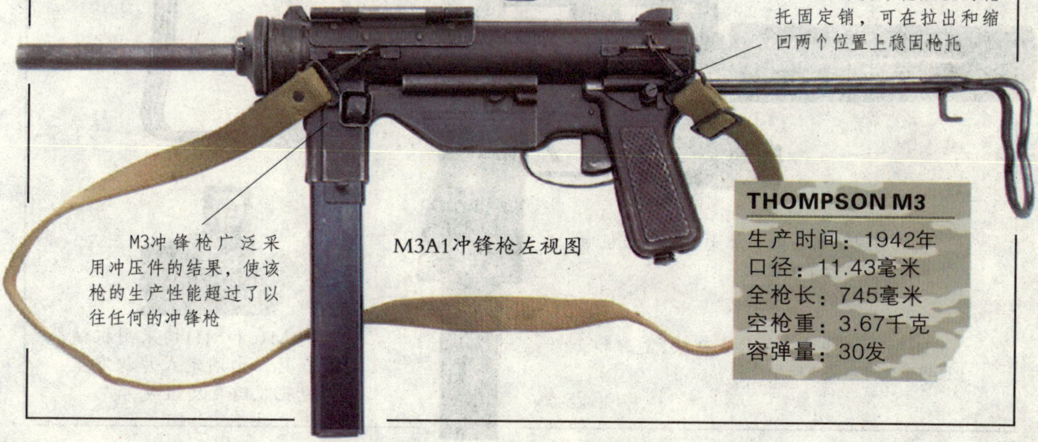

M3A1冲锋枪左视图

THOMPSON M3

生产时间：1942年
口径：11.43毫米
全枪长：745毫米
空枪重：3.67千克
容弹量：30发

美国

英格拉姆M10、M11冲锋枪

英格拉姆M10式和M11式冲锋枪由美国戈登·B·英格拉姆于1964年开始设计，美国军用武器装备公司于1969年开始生产。

皮卡汀尼导轨上可加装光学瞄准器

消声器

表尺射程为50米

瓦尔特战术灯

快慢机在机匣左侧扳机前方，向前推为单发，向后拉为连发

保险位于扳机右前方，使用非常方便，向前扳为射击，向后扳为保险

M11式发射0.38英寸柯尔特自动手枪弹(9毫米短弹)

光学瞄准镜

上下折叠的枪托

表尺射程为100米

消声器

战术灯

枪机为包络式，使枪管大部分伸入机匣内，从而大大缩短了全枪长

M10式发射9毫米帕拉贝鲁姆手枪弹和11.43毫米柯尔特自动手枪弹

M10和M11均采用机械瞄准具，由固定式片状准星和觇孔照门表尺组成

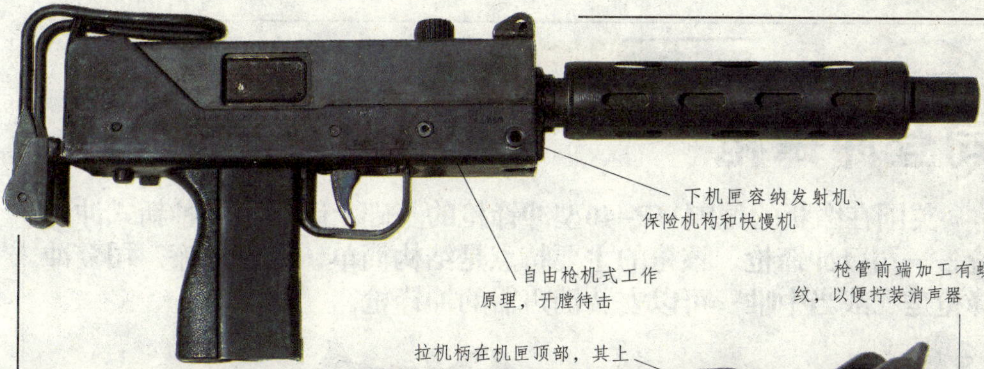

INGRAM M11

生产时间：1969年
口径：9毫米
全枪长：460毫米
空枪重：1.59千克
容弹量：16/32发

不同之处

M10式和M11式的主要不同之处是：M10式11.43毫米口径采用美国M3式冲锋枪的弹匣，容弹量30发，单排供弹，必须用压弹器压弹；M11式采用容弹量为16发和32发的直弹匣，当采用16发弹匣时，该枪可装入枪套或衣袋内。

英国

司登冲锋枪

MK-II型

英国在缴获的德国MP-40型冲锋枪的基础上研制出一种新式冲锋枪——司登冲锋枪。该枪的主要特点是结构简单，造价低廉。司登冲锋枪是二战当中唯一可以安装消声器的冲锋枪。

MK-II型

MK-II型弹匣带

带背带的MK-II型

MK-II型

MK-II

MK-II是司登系列中最常用、最耐用的型号，它不只配给英国军队使用，也曾大量空降给二战期间占领区内的反抗军使用。该枪操作简单又耐用，价格也很便宜。

STEN MK-II

生产时间：1942年
口径：9毫米
全枪长：952毫米
空枪重：3.0千克
容弹量：32发

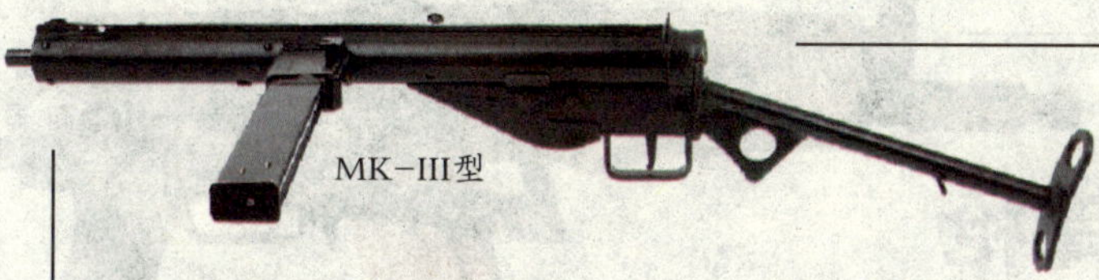
MK-III型

MK-III

1943年底，莱恩斯兄弟公司设计出了一种简化版的“司登”式冲锋枪——MK-III型，并大量生产用以装备在诺曼底登陆的英联邦部队。

MK-III型

“STEN M.C. MkIII”字样

“司登”冲锋枪弹匣与德军MP-40通用，可以直接为“司登”式冲锋枪装上缴获的德军弹药。

MK-IV型

MK-V型

司登系列冲锋枪的最后一种型号MK-V型是MK-IV的改进型，是司登冲锋枪改进较大的一次，也是司登冲锋枪族中最优秀的成员。

MK-V型

MK-V型的设计初衷竟然是为了改善“司登”式冲锋枪一贯丑陋、粗糙的外观。

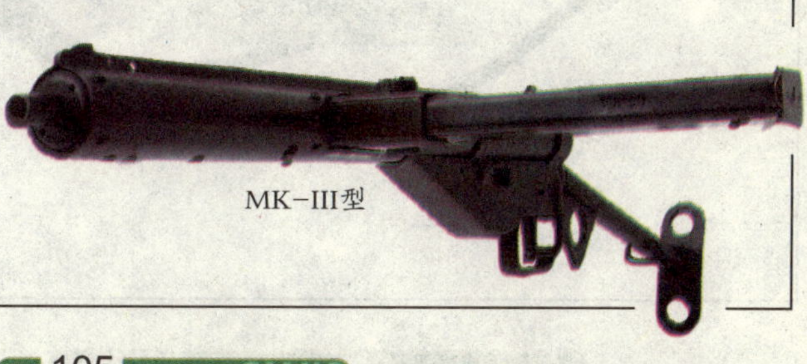
MK-III型

苏联/俄罗斯

AKS-74U冲锋枪

苏联在1974年推出AK-74步枪的同时，也衍生出缩短型的AKS-74U冲锋枪。该冲锋枪是专门为战车乘员、伞兵、飞行员所研制的。这种由突击步枪演变而成的冲锋枪，已成为全球枪厂借鉴的典范。

AKS-74U

服役时间：1975年
口径：5.45毫米
全枪长：730毫米
空枪重：2.71千克
容弹量：20/30发

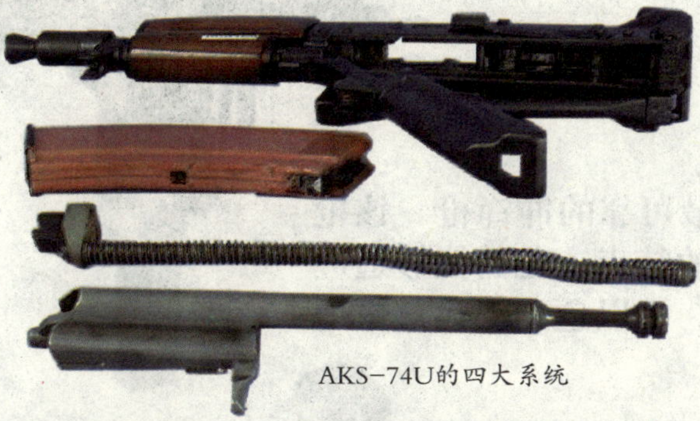

AKS-74U的四大系统

难以匹敌的威力

AKS-74U的机械结构也承袭了AK-47步枪的传统，以气体驱动枪机，以旋转枪机完成闭锁，所以比采用反冲原理的冲锋枪的准确度高，而且5.45毫米子弹的初速与威力更是9毫米子弹难以匹敌的。

在AKS-74U的扳机组件上，去掉了AKM和AK-74步枪击锤减速器的上半部分，只留有下半部分，仅作为缓冲件，以防止枪机框后推击锤时出现击锤回打，损坏扳机组件。

AKS-74U冲锋枪的射程分别为200米和400米。

以色列
乌齐冲锋枪

乌齐冲锋枪是公认的最可靠的冲锋枪。该枪具有结构紧凑，性能可靠的特点，尤其能够适应中东沙漠地区的作战环境，被以色列士兵自豪地称为“沙漠杀手”。

UZI（标准型）

服役时间：1953年
口径：9毫米
全枪长：640毫米（枪托）
空枪重：3.5千克
容弹量：25/32/40发

乌齐之父

具有传奇色彩的乌齐冲锋枪是以色列人乌齐尔·盖尔发明的。乌齐尔·盖尔获得过很多荣誉，是以色列获得国家安全荣誉勋章的第一人。

快慢机有三个位置，A为连发，R为单发，S为保险。它位于小握把上，可以在单手持枪时快速进行射击方式的转换，而另一只手则可空出来以应付不测。

Mini UZI

超小型乌齐冲锋枪Mini UZI结构与标准型乌齐冲锋枪一样。

枪管右侧斜上方有两个喷气槽，可以防止在连发时枪管出现右偏倾向

乌齐冲锋枪可配备刺刀、背带、榴弹发射器座和战术灯等夜间照明装置。卸下枪管固定螺帽后还可以换装消声器。

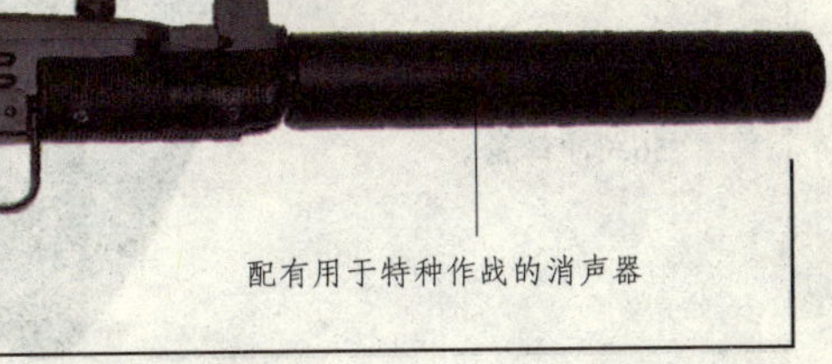

配有用于特种作战的消声器

中国

79式冲锋枪

79式冲锋枪全称为1979年式7.62毫米冲锋枪，该枪也被习惯性地称为中国第一代冲锋枪。

79式冲锋枪的内部结构类似于56式冲锋枪。

79式
口径：7.62毫米
全枪长：740毫米
空枪重：1.9千克
容弹量：20发

性能良好

79式冲锋枪采用了冲锋枪中少见的导气式自动方式、枪机回转式闭锁结构，可以自动完成开锁、退壳、装填弹药和闭锁等动作。该枪可装备空降兵、侦察兵等特种部队，用以杀伤200米内的有生目标。

机匣侧面的铭文及厂方标记

79式冲锋枪具有重量轻，体积小的优点，尤其是枪托折叠后，全枪长仅470毫米，携带方便。

79式冲锋枪射速较快，火力较强，可单、连发射击，使用方便，在行军状态也能射击，是一种优秀的近战武器。

结构特点

当枪弹击发后，火药气体推弹丸向前运动。经导气孔时，一部分火药气体经导气孔进入气室冲击活塞，活塞撞击枪机框使其向后运动，枪机框带动机心依次完成开锁、抽壳、压倒击锤、压缩复进簧、抛壳动作。

捷克“蝎”Vz61冲锋枪

1961年，捷克的“蝎”式冲锋枪被定型为Vz61，发射的是西方很流行的7.65×17毫米勃朗宁手枪短弹。虽然它的实战效果不太理想，但在轻武器历史上还是占有一席之地。

拉机柄外形呈圆钮状，在枪机两侧各有一个，因此机匣两侧都有拉机柄活动槽

快慢机柄有三个位置：“0”是保险，“1”是半自动射击，“2”为全自动射击

Scorpion Vz61

服役时间：1960年
口径：11毫米
全枪长：513毫米
空枪重：1.59千克
容弹量：10/20发

发射机构的设计基本上取自美国伽兰德M1步枪

安装消声器的Vz61

整枪设计得短小紧凑，枪机也轻（比大多数的包络式枪机都要短），而且后坐行程也很短。

“蝎”式冲锋枪的大小很适合车辆司机或飞机驾驶员携带或使用。由于它极易隐藏，而且消声效果极好，因此也常被一些恐怖主义组织使用。

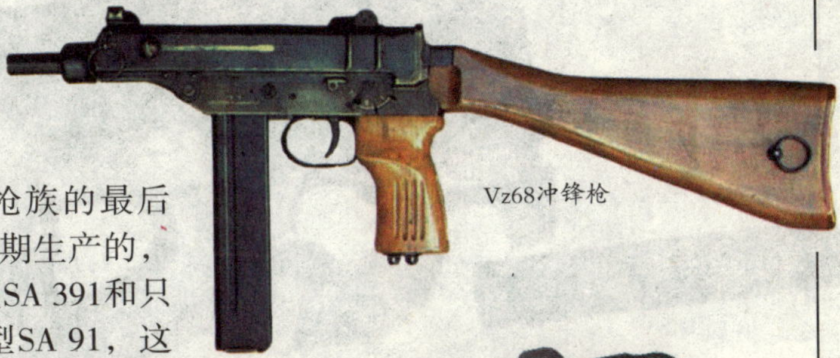
Vz68冲锋枪

SA 391

“蝎”式冲锋枪枪族的最后一个型号是1990年代早期生产的，包括有快慢机的军用型SA 391和只能半自动射击的民用型SA 91，这些型号均发射西方国家流行的9×19毫米帕拉贝鲁姆弹。

SA391冲峰枪

目前，捷克的CZ-UB仍在生产SA 391。现在，虽然捷克特种部队已经改用HK Mp5冲锋枪，但“蝎”式冲锋枪仍然在捷克陆军和警察部队中被使用。

比利时

FN P90 冲锋枪

比利时FN公司研制生产的P90枪（单兵自卫武器）乍看起来似乎不像一支枪，它的外形设计有悖常规，但这却是该枪人机工程良好的充分体现。

FN P90 PDW

生产时间：1992年
口径：5.7毫米
全枪长：500毫米
空枪重：2.54千克
容弹量：50发

握把没有采用传统的直柄，而是弯曲的，与枪身融为一体，显得与众不同。

直线形的枪托，能将后坐力直接沿枪管轴线传递到射手肩部，有助于减少枪口跳动。

这是一种昼夜都能使用的瞄准镜，它可以迅速捕捉到目标

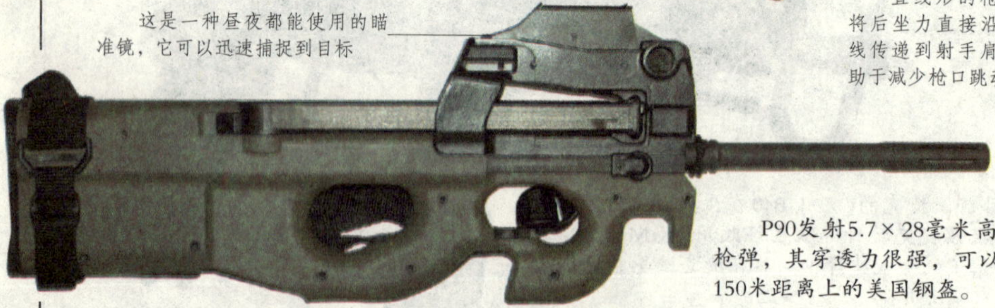

P90发射5.7×28毫米高性能枪弹，其穿透力很强，可以击穿150米距离上的美国钢盔。

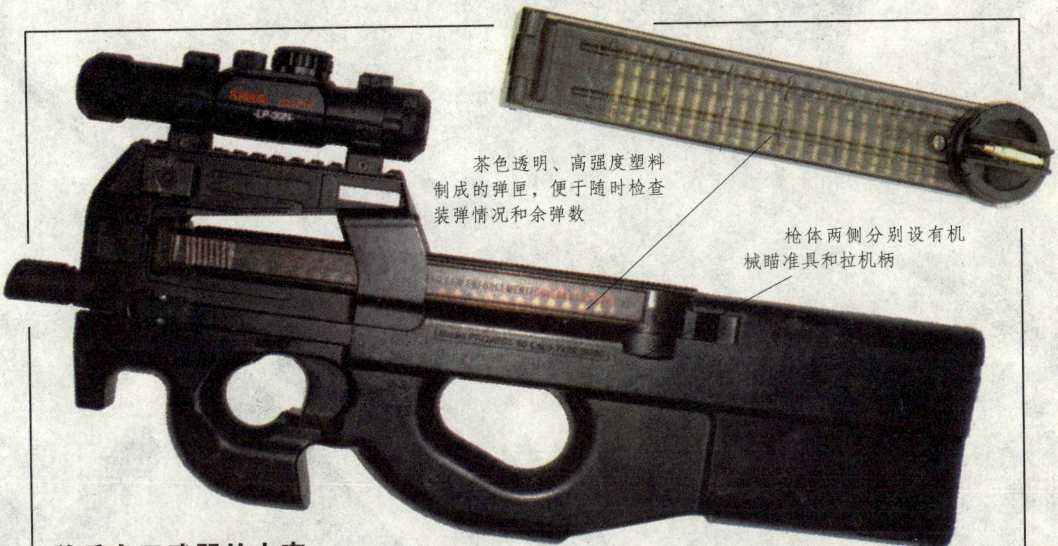

单兵自卫武器的由来

单兵自卫武器（Personal Defence Weapon，简称PDW）是部队中的非一线作战人员，如驾驶员、无线电员、飞行员、操作人员、后勤人员等使用的武器。

P90的结构相当简单，只由枪管、机匣、枪机和弹匣4个部件组成，其零件总共有69个，塑料件有27个，野外不用任何工具便可在15秒钟内将它全部分解，因而很容易进行维修和保养。

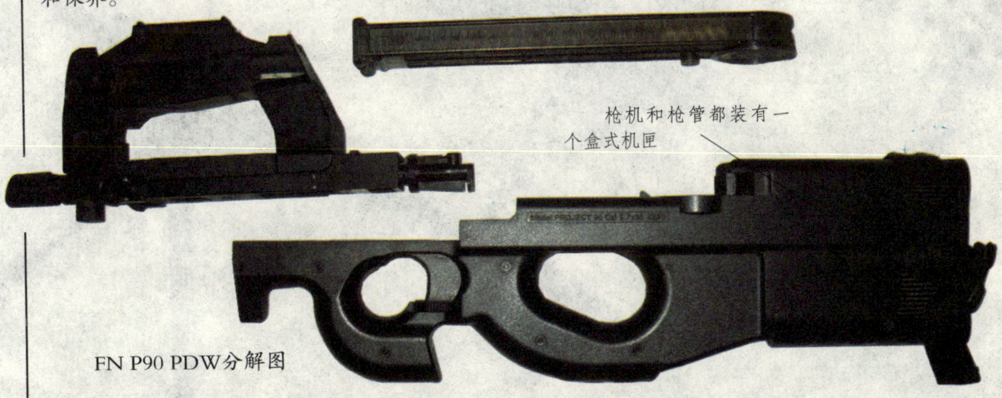

FN P90 PDW分解图

机枪

机枪旧称“机关枪”，是带有两脚架、枪架和枪座，能实现连发射击的自动枪械。可杀伤有生目标，地面目标、水面目标或空中目标、薄壁装甲目标，或压制敌火力点。通常分为重机枪、轻机枪、通用机枪和大口径机枪。按照装备对象，又分为地面机枪（包括高射机枪）、车载机枪、航空机枪和舰艇机枪。

重机枪发射子弹像流水一样，半分钟内可以连续发射300发，形成强大的火力网。由于重机枪笨重，不便于机动，仅适用于阵地战，在进攻时不利于携行，于是轻机枪便得到了长足发展。通用机枪是机枪家族中的后起之秀，又称轻重两用机枪。装在稳固的枪架上即可作重机枪使用；离开枪架以两脚架支撑作为轻机枪使用时携带方便、使用灵活。如今，通用机枪已经基本取代了重机枪的地位。

美国

马克沁重机枪

马克沁（Maxim）重机枪是世界上第一种重机枪，它是由英籍美国人马克沁在1883年发明的。这是世界上第一种真正成功以火药燃气为能源的自动武器。马克沁重机枪的发明开创了自动武器的新纪元。

马克沁拿着他的机枪

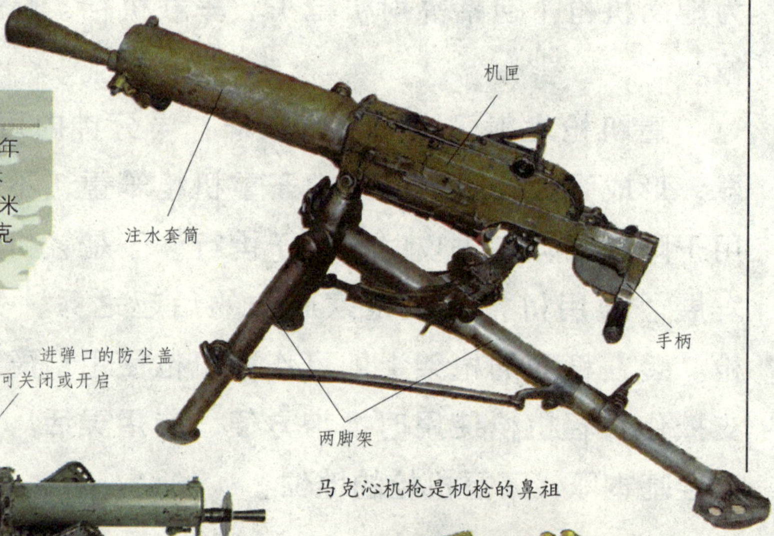

马克沁机枪是机枪的鼻祖

Maxim

生产时间：1912年
口径：11.43毫米
全枪长：1070毫米
空枪重：27.2千克
容弹量：333发

去掉枪管套的马克沁机枪枪管

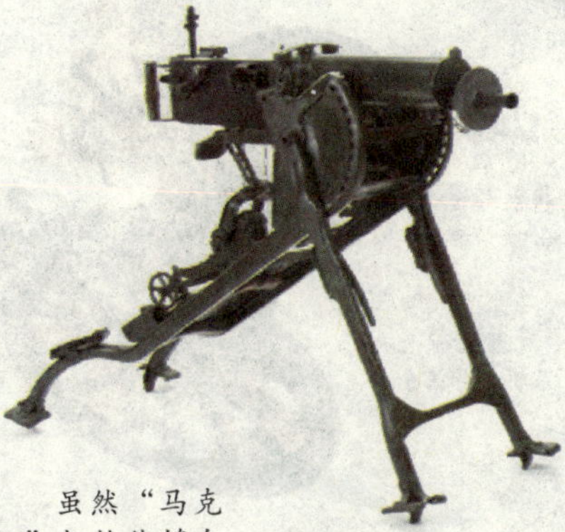

虽然“马克沁”机枪能够自动连续射击，但结构复杂、枪体笨重，帆布弹带可靠性也较差。

在马克沁机枪中，人类第一次运用了复进簧、可靠的抛壳系统、弹带供弹机构、加速机构以及射速调节油压缓冲器等机构。

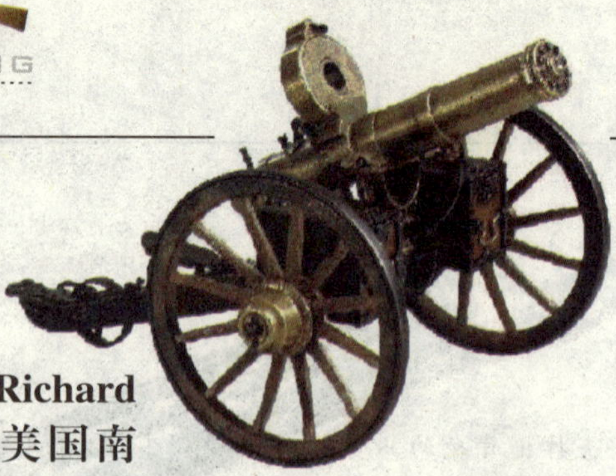

美国

加特林重机枪

理查德·乔丹·加特林[Richard Jordan Gatling(1818—1903)]在美国南北战争期间发明了一种转管机枪，被称为加特林机枪。这是世界上第一种成功的多管式机关枪。

Gatling M1862（0.5英寸）

服役时间：1866年
口径（六管）：12.7毫米
容弹量：200发

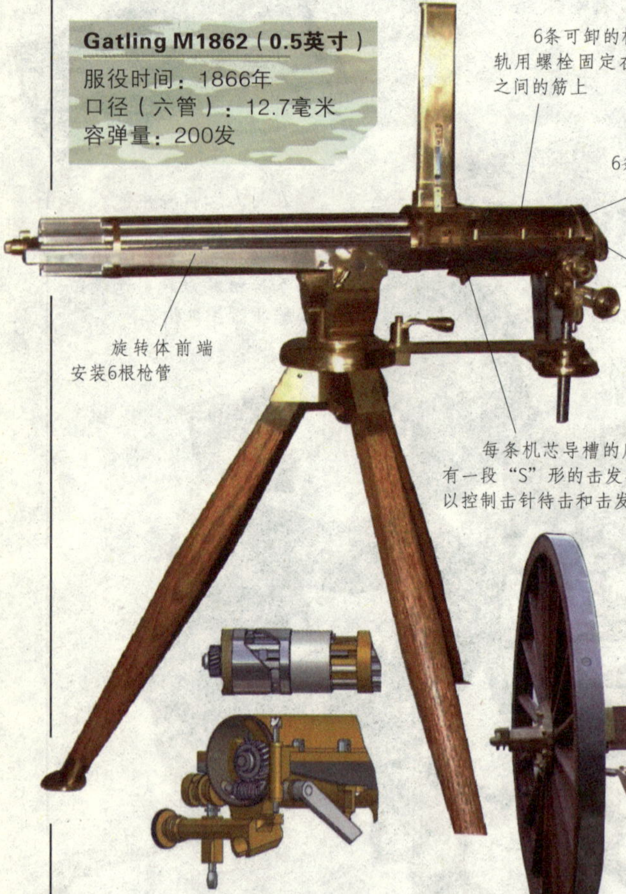

该枪把6根枪管并列安装在一个旋转的圆筒上，手柄每转动一圈，各枪管依次完成装弹、射击、退壳等动作。

加特林机枪原理示意图

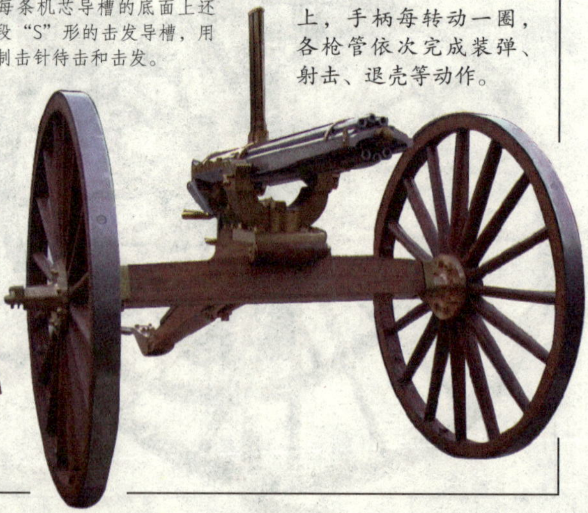

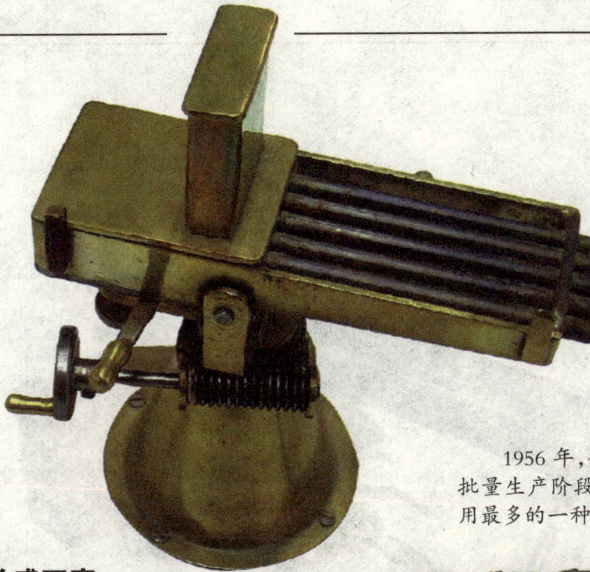

M61“火神”

美国曾将以外动力驱动的加特林机枪系统用作航空机枪，这直接导致了M61“火神”20毫米机关炮的诞生。这种高速旋转6管加特林的射速最高可达每分钟7200发。

1956年，M61“火神”机关炮进入批量生产阶段，并成为美国航空史上应用最多的一种航炮。

M61火神

长盛不衰

尽管战争样式早已今非昔比，但加特林机枪的结构原理至今仍应用于作战飞机和军舰上的多管速射炮。

1865年的加特林机枪

美国

勃朗宁重机枪

由美国著名的枪械设计师约翰·摩西·勃朗宁设计的M1917式勃朗宁重机枪是一种水冷式重机枪，曾被比利时、波兰等国仿制。

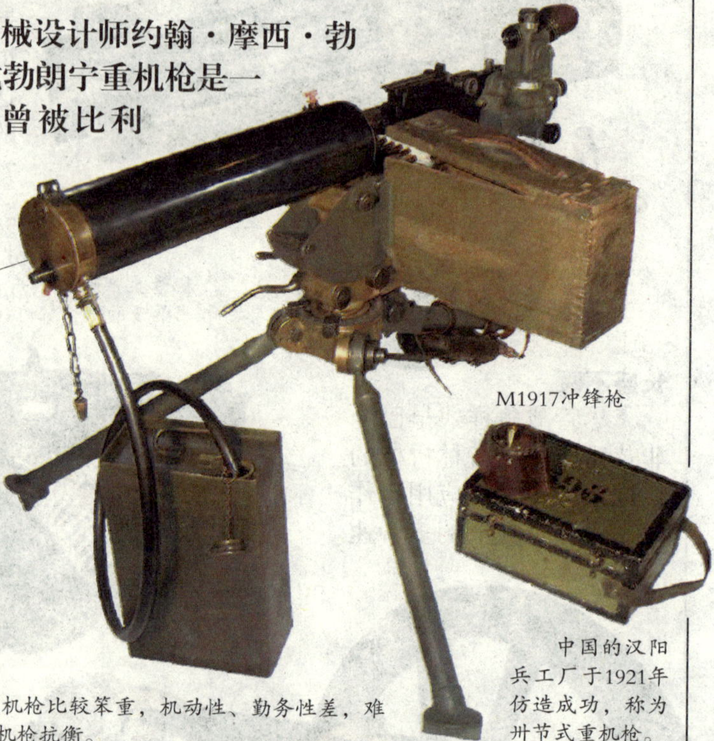

枪管可在节套中拧进或拧出，以调整弹底间隙

BROWNING M1917

服役时间：1917年
口径：7.62毫米
全枪长：918毫米
枪管长：610毫米
枪身重：15千克
枪架重：30.5千克
容弹量：250发（弹带）

二战期间，由于M1917式机枪比较笨重，机动性、勤务性差，难以与德军的MG34/MG42通用机枪抗衡。

M1917冲锋枪

中国的汉阳兵工厂于1921年仿造成功，称为卅节式重机枪。

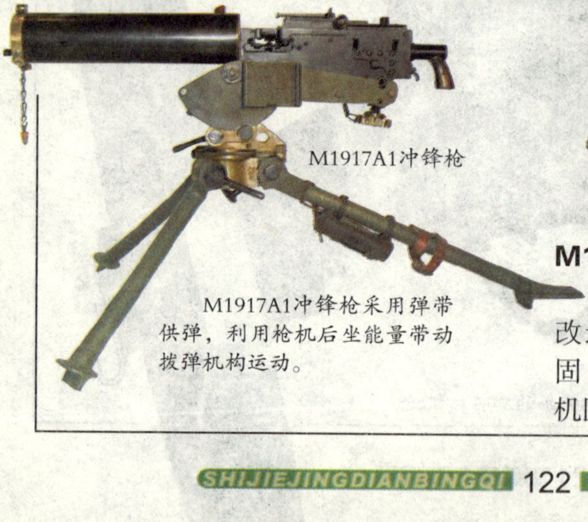

M1917A1冲锋枪

M1917A1冲锋枪采用弹带供弹，利用枪机后坐能量带动拨弹机构运动。

M1917A1

M1917A1式重机枪是M1917式的改进型，对易裂的托底板以环箍加固；采用新的弹链输送杆和改进的机匣盖固定销。

M1919A4

M1919A4需要两人操作，一人扛机枪，另一人扛三脚架。在战场上，只要其中一人负伤，机枪将不能完整地到达目的地。

M1919A4

勃朗宁M2HB重机枪亲昵地称为“干妈”“地狱夫人”历经两次世界大战，到现在已风雨沧桑近90载。

实用主义至上

M2HB重机枪作为各种装甲输送车、侦察车、坦克、自行火炮、船艇等的附属武器备受主体装备系统订购者的青睐。

M1919A6

M1919A6与M1919A4的大部分零件可互换，但其枪管套筒、脚架、提把和枪托等零部件均被改进。

M1919A6

美国

米尼岗M134机枪

越南战争期间，美国通用电气公司以“火神”20毫米机关炮为基础研制出的发射7.62毫米步枪弹的6管航空机枪M134，被命名为米尼岗（Minigun）机枪。

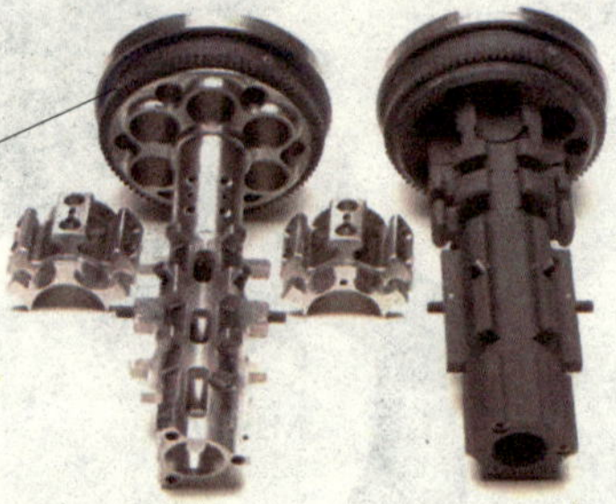

Minigun M134

服役时间：1963年
口径：7.62毫米
全枪长：800毫米
枪管长：559毫米
全枪重：26.8千克

机枪

M134机枪主要装备在直升机上，也可作为机械化步兵的车载武器，主要用于杀伤集团有生目标和防空等。

机匣的内表面上有枪机滚轮运动的曲槽

在应用中，机枪手可以通过调整电机转速来控制射速，但M134的射速一般只设置在2000～4000发/分的范围内。

脱链方式为纵向直推，固定在机匣上的导板使枪弹准确地从供弹机进入旋转体并置于抽壳钩的槽内，在枪弹击发后使弹壳脱离旋转体，以完成抛壳动作

美国

XM312重机枪

为了取代M2HB重机枪，XM312应运而生。它的口径较大，弹道低伸，260发/分的射速较低，但对付2000米以上距离的有生集群力量，摧毁1000米处的轻型车辆、舰船等目标还是绰绰有余的。

XM312 重机枪

Xm312

生产时间：2003年
口径：12.7毫米
枪身重：13.6千克
三脚架重：5.9千克
战斗射速：40发/分

怪异的名称

XM312重机枪由于质量较轻，因此又被人称作“轻型重机枪”。XM312由于采用了新材料，所以全枪仅重13.6千克，即使加上三脚架也不到19千克，比美陆军现役的M2HB重机枪要轻66%，长度也缩短了18%，从而提高了机动能能力。

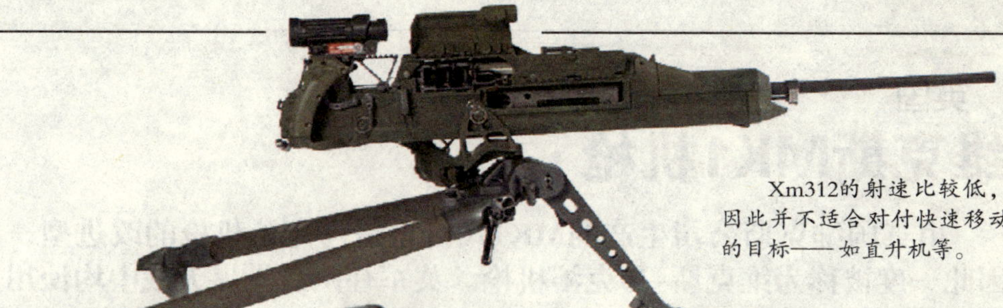

Xm312的射速比较低，因此并不适合对付快速移动的目标——如直升机等。

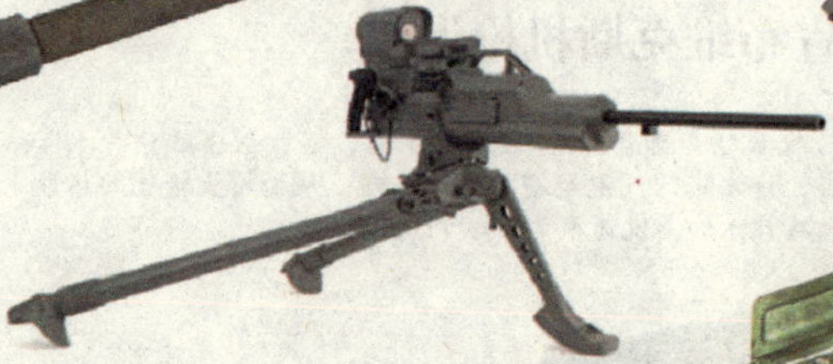

大变身

在5分钟内，XM312能被快速更换包括枪管在内的零部件，变身为25毫米XM307自动榴弹发射器。

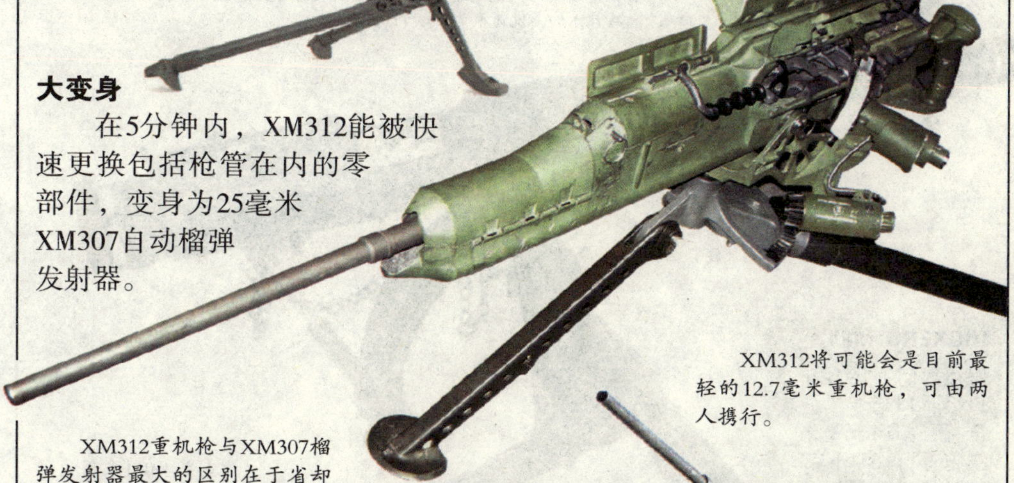

XM312将可能会是目前最轻的12.7毫米重机枪，可由两人携行。

XM312重机枪与XM307榴弹发射器最大的区别在于省却了较为复杂的火控装置和配套弹药。

XM312采用与M2HB相同的可散金属弹链，装填方向左右均可

英国

维克斯MK1机枪

由英国维克斯公司生产的MK1式机枪是马克沁机枪的改进型，因此一度被称为维克斯-马克沁机枪。英军在两次世界大战中均使用了它。1968年，英军正式宣布维克斯机枪退役。

VICKERS Mk1

服役时间：1912年
口径：11毫米
全枪长：1155毫米
空枪重：18.1千克
容弹量：250发

维克斯 MK1采用枪管短后坐式工作原理，闭锁机构为曲柄连杆式。

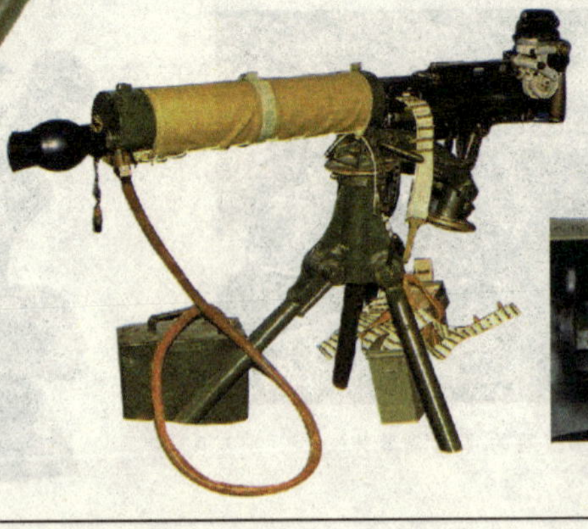

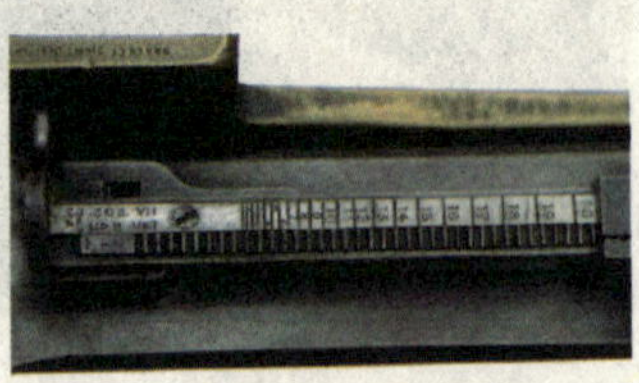

表尺特写

维克斯是一种水冷式机枪，所以无论何时何地都要确保有足够的水来冷却枪管。

使用有底缘的0.303英寸（7.7毫米）弹药，通过一根布料织成的子弹带供弹

采用枪管短后坐式工作原理，闭锁机构为曲柄连杆式。闭锁时，两个连杆臂在机匣内成水平状

太费水

维克斯对冷水的需求量很大，甚至当阵地附近的水用完之后，士兵们有时不得不把自己的尿注入其中。

弧形表尺上有两种刻度，分别对应于使用MARK7Z式和MARK8Z式枪弹时的射程。

维克斯MK1机枪后视图

复杂但可靠

维克斯机枪的加工工艺繁琐，很多部件的精确度要求极高。但是实战证明这种机枪非常可靠，很少像别的机枪一样卡壳。

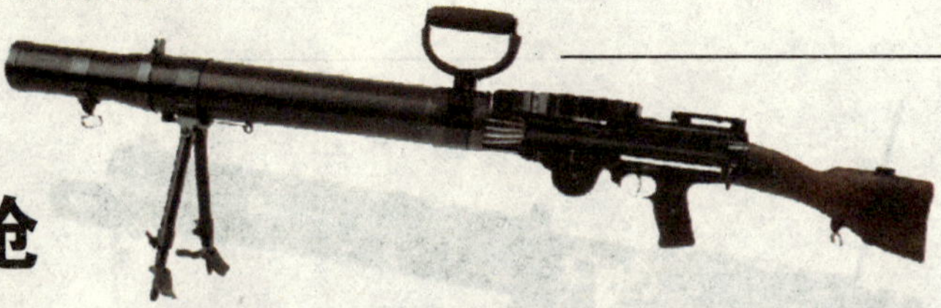

英国

路易斯轻机枪

1911年，路易斯机枪诞生于美国，是一种能单人携带、用弹盘供弹、使用两脚支架的轻机枪。该枪后来辗转到英国伯明翰轻武器公司进行批量生产。

LEWIS Mk Ⅰ

生产时间：1915年
口径：7.7毫米
全枪长：1283毫米
空枪重：12.26千克
容弹量：47发（弹盘）
　　　　97发（弹鼓）

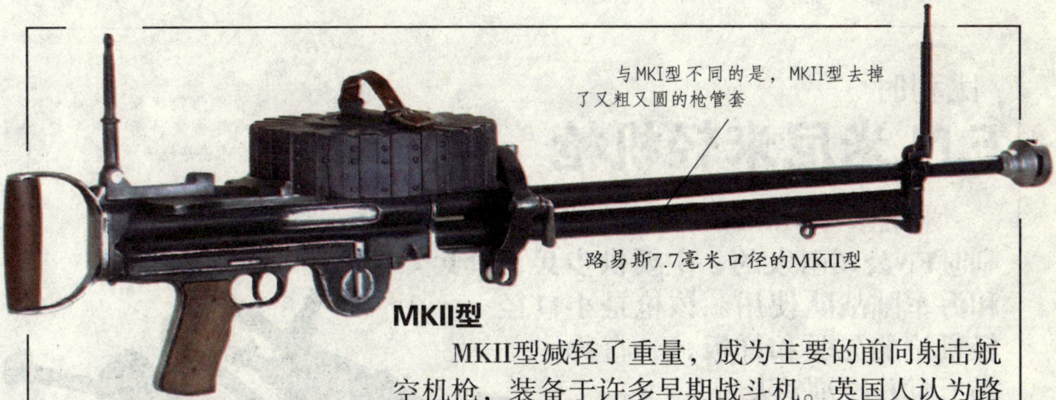

路易斯7.7毫米口径的MKII型

MKII型

MKII型减轻了重量，成为主要的前向射击航空机枪，装备于许多早期战斗机。英国人认为路易斯机枪是使用最广、最有效的机枪，英国所有飞机都装备了这种机枪，如SE－5A型战斗机。

比利时

F.N.米尼米轻机枪

米尼米（Minimi）5.56毫米轻机枪是由比利时FN公司研发的，主要供步兵、伞兵和海军陆战队使用。该枪是小口径轻机枪的先驱和样板，一直称霸于西方各国军队。

M249 SAW

服役时间：1982年
口径：5.56毫米
全枪长：1040毫米
空枪重：6.85千克
容弹量：200发（弹链）
30发（弹匣）

M249车载型

M249车载型被装在步兵战车射击孔的球形架上向外射击。

M249 SPW

M249 SPW（Special Purpose Weapon——特种用途武器）是在M249伞兵型机枪的基础上改进的。

M249 SPW

Minimi 7.62毫米轻机枪

7.62毫米“米尼米”轻机枪拥有7.62毫米武器的威力，却只有5.56毫米武器的重量。

Mk46 MOD0

经过改进的M249 SPW被SOCOM采购，改名为Mk（Mark的缩写）46 MOD0（MOD0即0型）。

Mk46 MOD0

Mk48 轻机枪

Mk48 MOD0的最大亮点是其质量比同口径的M240B轻了27%，80%的零部件则与M240和Mk46 MOD0通用。

德国

MG34通用机枪

MG34

由德国毛瑟公司设计的MG34式7.92毫米机枪是通用机枪的开山鼻祖。它使德国在通用机枪领域拔了头彩，而且因在二战中的良好表现而声名鹊起。战后，通用机枪成为主流。

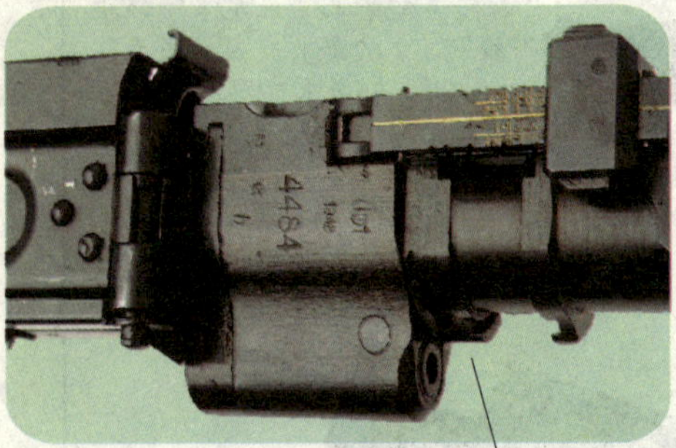

表尺为带高射瞄准具的折叠、立式后照准器

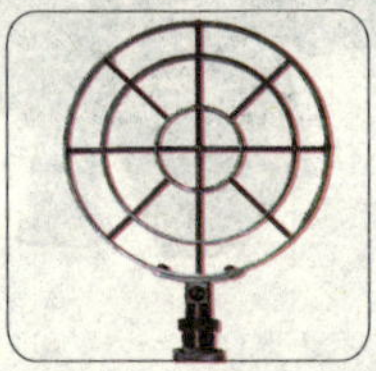

作高射机枪用时，可装配简单的高射瞄准环

折叠式准星

消焰器

MG34采用气冷式，可通过迅速更换枪管来保持射击的连续性。

两脚架

扳机设计独特，扳机护环内有一个双半圆型扳机，上半圆型为半自动模式（印有“E”字），而下半圆型设有按压式保险的扳机则为全自动模式（印有“D”字）。

Mg34

生产时间：1934年

口径：7.92毫米

全枪长：1219毫米

枪身重：12.1千克

理论射速：800~900发/分

MG42

为改进MG34的缺点，德国格鲁诺博士依据波兰的设计图纸于1942年研制成功了MG42。它最大的特色是大量采用了在枪械制造中尚属首次使用的冲铆件，这可以降低成本、方便生产和减轻重量，又给当时的盟军造成了德国资源匾乏的假象。

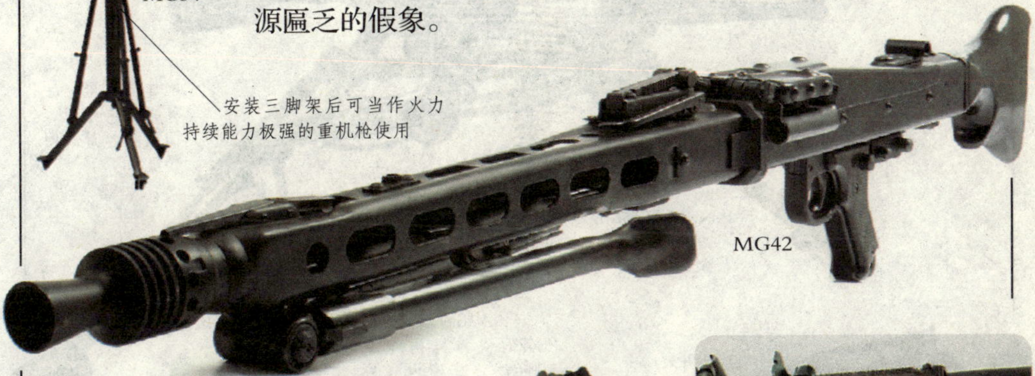

“三最”机枪

对于MG42通用机枪的出现，轻武器评论家评论说：最短的时间、最低的成本，但却是最出色的武器。后人据此戏称MG42为“三最”机枪。

比利时

F.N. MAG/M240通用机枪

比利时的F.N. MAG 7.62毫米通用机枪集各国机枪的优点于一身，被称为当今世界最先进的通用机枪。MAG意为导气式机枪，在美国被定型为M240。

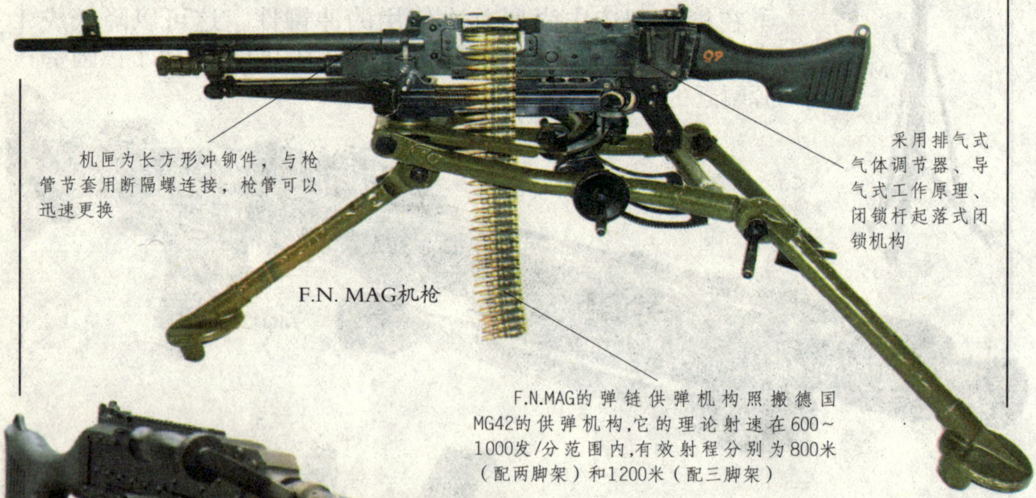

机匣为长方形冲铆件，与枪管节套用断隔螺连接，枪管可以迅速更换

采用排气式气体调节器、导气式工作原理、闭锁杆起落式闭锁机构

F.N. MAG机枪

F.N.MAG的弹链供弹机构照搬德国MG42的供弹机构，它的理论射速在600~1000发/分范围内，有效射程分别为800米（配两脚架）和1200米（配三脚架）

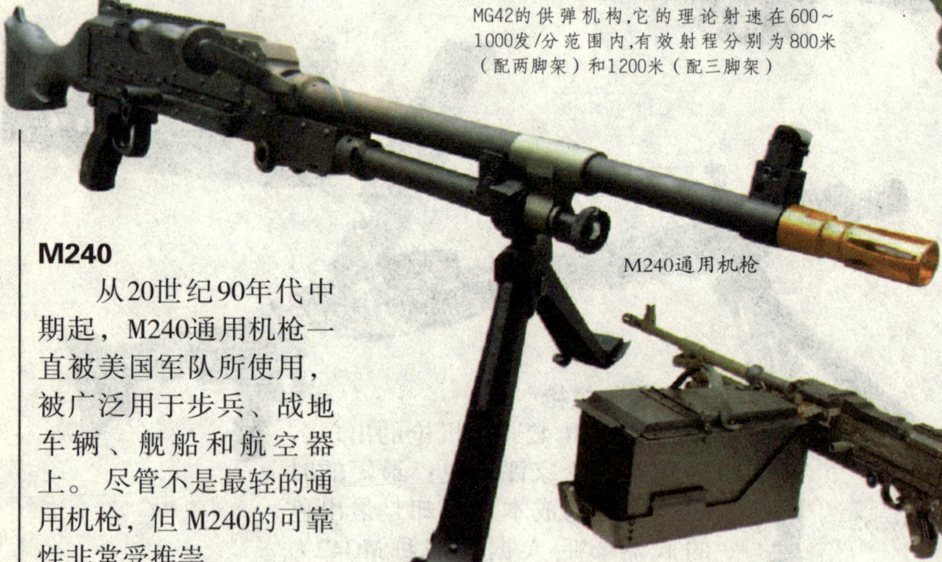

M240通用机枪

M240

从20世纪90年代中期起，M240通用机枪一直被美国军队所使用，被广泛用于步兵、战地车辆、舰船和航空器上。尽管不是最轻的通用机枪，但M240的可靠性非常受推崇。

M240系列

M240经过30多年发展，形成了庞大的家族：基型M240式车载机枪、M240B式步兵用机枪(带有三脚架)、M240C、M240D、M240E6(供特种部队、骑兵部队、空降部队和其他轻型步兵部队使用)、M240G、M240H式直升机载机枪(UH-60“黑鹰”直升机)等。其中，M240G是基型M240的改进型，M240E1，M240H是M240D的改进型。

M240B是一个成功并享有盛誉的武器系统，它是对5.56毫米的M249、M16和M4式轻型武器的强有力的补充。

M240

服役时间：1978年
口径：7.62毫米
全枪长：1260毫米
全枪重：21千克
容弹量：30发

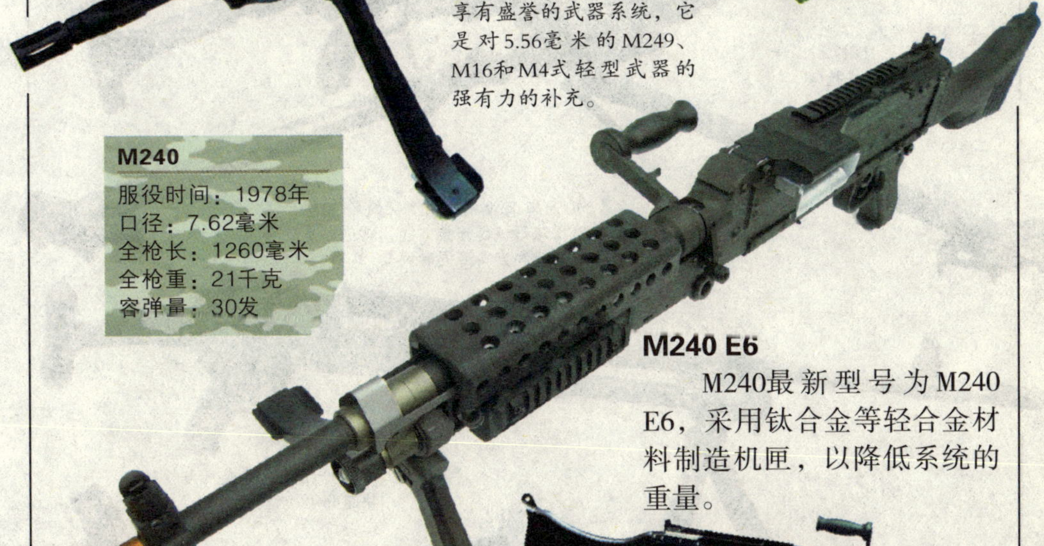

M240B通用机枪

M240 E6

M240最新型号为M240 E6，采用钛合金等轻合金材料制造机匣，以降低系统的重量。

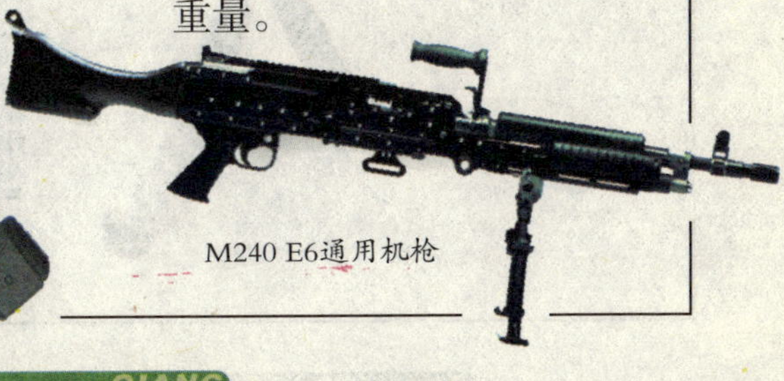

M240 E6通用机枪

中国

CQ 7.62毫米通用机枪

CQ 7.62毫米通用机枪不仅继承MAG机枪的优点，而且从制造材料、加工工艺和局部结构方面进行了一系列大胆的改进，提高了其可靠性、勤务性和经济性。

CQ 7.62毫米

口径：7.62毫米
全枪长：1280毫米
枪管长：545毫米
空枪重：11千克
理论射速：650~1000发/分

机械瞄具采用刀形准星，准星通过准星滑座与准星座连接

CQ 7.62毫米机枪结构简单，不需要任何工具即可将其进行不完全分解。

机匣右侧有拉机柄导槽，抛壳窗位于机匣底部

分解前应取下弹链，向后拉动拉机柄，检查弹膛中是否存有枪弹

CQ 7.62毫米机枪机匣内侧有纵向导轨，用于支撑和引导枪机和枪机框往复运动

突 破

国产CQ 7.62毫米多用途机枪的性能并不低于MAG 7.62毫米通用机枪，而且其可靠性、勤务性和经济性都有所提高。CQ 7.62毫米机枪的三脚架上设有缓冲机构，以利于提高射击精度。

枪械知识一点通

GUN

扳机：枪械击发机构的一部分，位于枪机下方，由射手扣动而击发子弹。

觇孔瞄准具：一种金属制瞄准具。通常这种瞄准具的表尺上有一小圆觇孔，通过它和准星配合瞄向目标。

刺刀：装在军用步枪上，在贴身战斗中使用的尖刀。

待击：将枪械击发机件推至待发状态，在单动式转轮手枪上就是扳开击锤的动作。

弹仓：类似弹匣的给弹系统，但子弹不是在外接的容器内，而是存在枪身内部的空间里。

弹鼓：圆鼓形弹匣。常见于轻机枪和冲锋枪上。

弹夹：夹子弹用的长条夹，用来将子弹成排夹住，以便压入弹匣。

弹筒：转轮手枪机件中用以容纳弹药的转轮，其中有多个膛室，每个膛室装一发子弹，会顺序轮转而跟枪管对正。

弹匣：枪械给弹系统之一。子弹装在一个容器内（通常是盒状），再接到枪机的下方、上方或侧方，由里面的弹簧将子弹一颗颗地推出给上弹机取用。

导气管：连接于导气式枪械枪管上的管筒。发射时，弹头在膛内通过导气孔，火药气体由此孔逸出，从而推动活塞完成自动循环动作。

光学瞄准具：又称光学瞄准镜。利用光学原理制成的瞄准装置，由镜头、镜体和照明装置组成。

护弓：位于握把前端，用以保护扳机使其不会轻易勾到外物而击发子弹。军用枪械的护弓或者经过特别加大，或者可以很轻易地把护弓松开，以利于寒冷气候下戴手套使用。

击锤：用以打击针尾端使之前进击发枪弹底火的一个零件。有回转式、直动式两种。

机匣：枪械（除了手枪以外）的主体部分，在金属壳/匣壁内有枪机进行闭锁、击发、退壳等动作。枪管和弹匣均接在机匣部。

口径：枪、炮管的内直径。线膛武器则指两条相对阳膛线之间的距离。口径通常以毫米计算，20毫米以下的称枪，20毫米以上的称炮。

抛壳：将退壳后的弹壳抛离枪支的动作，通常借由抛壳顶杆来作用。

枪背带：用以将枪背在肩上的布带，多以帆布或塑胶纤维制成，在射击时也可用来协助稳定枪身。

枪弹：俗称子弹。由弹头、弹壳、发射药、底火四部分组成。步、机枪的枪弹分为普通弹和特种弹。普通弹有轻弹、重弹，特种弹有曳光弹、燃烧弹、穿甲弹、穿甲燃烧弹等。

枪管：枪支用来导引弹头飞行方向的空管，其内壁称为枪膛。

枪机机构：轻武器的枪机机构通常可用来完成送弹、闭锁、击发、开锁、退壳等动作。

枪口制退器：装在步枪枪口，用来将部分排出的废气转向后喷，提供向枪口前方的推力，以抵消部分后坐力。

枪栓：枪后膛的闭锁装置，通常其外观大略是圆柱形。它在机匣内前后移动，负责开锁、闭锁，有时也执行上膛、退壳、抛壳的动作。

枪膛：枪管里面的空洞，包括膛室和有膛线的部分。

枪托：步枪和散弹枪护木后部用以抵住肩部及贴腮的部分。

枪托底板：用来保护后托底部的金属制或合成塑料制底板。

上膛：枪械作用程序中，将子弹从弹药供应系统中取出并送入膛室的步骤。

射击选择钮：选择半自动或全自动射击模式的旋钮或旋杆，有时往往跟手动保险结合。在某些枪械上加有点发模式的选择。

膛口装置：安装在武器膛口，利用弹头出膛时向外喷射的火药气体对其产生作用而达到一定效果的装置，如消声器、消焰器、制退器、减震器等装置。

膛线：亦称来复线，即枪膛内呈螺旋形凹凸的线。凹下的部分称为阴膛线，凸起的部分称为阳膛线。膛线的作用是使弹头旋转运动，以保持飞行稳定，提高命中精度和增大侵彻力。

贴腮片：装在后托贴腮部位上，提供射手额外贴腮高度与舒适度的辅助零件，通常以皮革或橡胶制成。

握把：火器的一个部件，供射手的射击手握持的地方。在手枪上叫握把，在步枪和滑膛枪上叫小握把。

准星：瞄准装置的一部分，通常位于枪口上端，有圆柱形、三角形、长方形等数种。它与表尺缺口相辅，构成瞄准基线。有些准星的方向和高低可以移动，以便修正。